仔猪

ZIZHU
JIANKANG
YANGZHI
JISHU

健康养殖技术

戈婷婷　郭韫丽　吴青林　编

化学工业出版社

·北京·

图书在版编目（CIP）数据

仔猪健康养殖技术 / 戈婷婷，郭韫丽，吴青林编 . —北京：
化学工业出版社，2018.1（2021.4重印）
ISBN 978-7-122-31141-2

Ⅰ . ①仔…　Ⅱ . ①戈…　②郭…　③吴…　Ⅲ . ①仔猪－饲养管
理　Ⅳ . ① S828

中国版本图书馆 CIP 数据核字（2017）第 302318 号

责任编辑：邵桂林　　　　　　　　　装帧设计：张　辉
责任校对：宋　夏

出版发行：化学工业出版社（北京市东城区青年湖南街13号　邮政编码
　　　　　100011）
印　　装：北京盛通商印快线网络科技有限公司
850mm×1168mm　1/32　印张7½　字数170千字
2021年4月北京第1版第7次印刷

购书咨询：010-64518888
售后服务：010-64518899
网　　址：http://www.cip.com.cn
凡购买本书，如有缺损质量问题，本社销售中心负责调换。

定　　价：30.00元　　　　　　　　　　版权所有　违者必究

仔猪健康养殖技术

前言 FOREWORD

在现代规模化养猪生产中，无论规模大小，仔猪的健康养殖是养猪生产中的基础环节。仔猪饲养得好坏直接关系到生猪的生产成本和养猪经济效益，仔猪饲养管理的成败直接关系到养猪生产水平的高低，良好的饲养管理对提高养猪经济效益起着十分重要的作用。

哺乳仔猪是指出生至断奶阶段的仔猪。仔猪出生时个体小、消化器官不发达、免疫力弱，易受外界因素影响，极易患病且死亡率高。仔猪成活率除了受温、湿度的影响外，还受疾病、意外、残弱等诸多因素影响。因此，科学的饲养管理，对促进仔猪快速发育、缩短饲养期、提高饲料报酬、获得较高的断奶体重，有着十分重要的意义。

提高哺乳仔猪壮仔率和成活率是自繁自养猪场养殖创收的基础保障措施之一，饲养管理不善和药物防治不当都严重影响哺乳仔猪的综合生产性能。近年来，生猪养殖生产中最突出的问题就是哺乳仔猪营养与用药均存在诸多安全隐患，比如养殖户普遍形成了哺乳仔猪期至育成期大量使用市购颗粒饲料、浓缩精料及饲料添加剂的习惯，认为只要在屠宰前有一段停用期，就不影响猪肉产品的安全性。实际上，这种做法不但严重伤害仔猪的免疫器官，而且影响猪肉品质，影响人们的身体健康。因此，要健康养殖仔猪，首先要充分了解仔猪的生理特性和生活特点，制定科学的饲养规程，这样才能把仔猪养好，提高其成活率和断奶重，从而提高保育猪、生长育肥猪的生产性能和猪场生产效益。针对存在的这些问题，本书根据仔猪不同日龄段的生理特点，介绍了新生仔猪、哺乳仔猪和断乳仔猪的饲养管理技术，仔猪常见疾病及防治，以及仔猪健康养殖中的污染控制等内容。本书可供养猪企业技术人员、专业养殖大户、基层畜牧兽医技术人员，以及畜牧兽医相关专业师生参考阅读。

　　本书在编写过程中，参考了部分文献资料和有关研究报告，笔者在此表示衷心的感谢。但由于笔者水平有限，加之时间仓促，书中疏漏和不足之处在所难免，恳请同行专家和广大读者批评指正，以便将来再版时加以修订。

编者

2017 年 11 月

仔猪健康养殖技术

目录 CONTENTS

第一章 **母猪的分娩与接生** ·······················1

第一节 妊娠母猪的饲养管理 ······················ 1

一、妊娠诊断方法 ······························ 1

二、妊娠母猪体重及胚胎发育的变化 ·········· 4

三、妊娠母猪的饲养 ························ 4

四、妊娠母猪的管理 ····················10

第二节 母猪产前准备工作 ······················ 11

一、产房准备 ···························11

二、接产用品准备 ·······················12

三、母猪产前饲养管理 ···················12

四、母猪产前的特征 ·····················13

第三节 母猪的分娩 ························· 14

一、准确推算预产期 ·····················15

二、影响母猪分娩的主要因素 ···············15

三、母猪的分娩过程 ··················17

第四节　仔猪的接生 …………………………… 19

一、接生的准备 ……………………………… 20

二、接生操作 ………………………………… 20

三、假死仔猪急救 …………………………… 22

四、难产处理 ………………………………… 23

五、产后护理 ………………………………… 24

第二章　新生仔猪的饲养管理 …………………… **25**

第一节　新生仔猪的生理特点 ………………… 25

一、生长发育快 ……………………………… 25

二、消化机能不完善 ………………………… 26

三、调节体温的机能不健全 ………………… 26

四、易患病和死亡 …………………………… 27

五、易贫血 …………………………………… 28

第二节　新生仔猪的护理 ……………………… 29

一、保温防压 ………………………………… 29

二、吃足初乳 ………………………………… 30

三、固定乳头 ………………………………… 31

四、补铁和补水 ……………………………… 33

五、寄养和并窝 ……………………………… 33

六、适时补料 ………………………………… 34

第三节　新生仔猪的常规处理 ………………… 35

一、假死仔猪的急救 ………………………… 35

二、仔猪数过多或过少 ……………………… 35

三、仔猪初生体重偏小 ……………………… 37

四、仔猪的补饲 ……………………………… 38

　　五、仔猪常见疾病 ……………………………………… 40

第四节　如何提高新生仔猪的存活率 ……………… 43

　　一、合理安排配种，淘汰劣质种猪 ……………… 44

　　二、种猪群饲养管理（妊娠期、分娩）…………… 44

第三章　哺乳仔猪的饲养管理 ……………………… 48

第一节　哺乳仔猪的生理特点 ……………………… 48

　　一、生长发育快，物质代谢旺盛 ………………… 48

　　二、消化器官不发达，消化腺机能不完善 ……… 50

　　三、缺乏先天免疫力，容易得病 ………………… 52

　　四、调节体温的机能发育不健全 ………………… 52

第二节　哺乳仔猪的营养需要 ……………………… 54

　　一、乳猪营养需要特点 …………………………… 54

　　二、哺乳仔猪营养的特殊要求 …………………… 64

第三节　哺乳技术 …………………………………… 64

　　一、分批哺乳 ……………………………………… 65

　　二、人工哺乳 ……………………………………… 66

第四节　哺乳仔猪的补饲 …………………………… 67

　　一、哺乳仔猪早期补饲的优点 …………………… 68

　　二、补料前的准备 ………………………………… 68

　　三、补料技术 ……………………………………… 71

第五节　哺乳仔猪饲料的配制 ……………………… 75

　　一、哺乳仔猪对饲料的要求 ……………………… 76

　　二、仔猪配方饲料 ………………………………… 77

　　三、哺乳期仔猪饲料配方特点 …………………… 79

第四章　断乳仔猪的饲养管理 …………………… **81**

第一节　仔猪断乳时间选择 ……………………… 81
一、断乳时间 ………………………………………… 81
二、早期断乳 ………………………………………… 82
三、仔猪早期断乳优点 ……………………………… 83
四、仔猪早期断乳应具备的条件 …………………… 85

第二节　仔猪断乳方法 …………………………… 86
一、一次断乳法 ……………………………………… 87
二、逐渐断乳法 ……………………………………… 87
三、分批断乳法 ……………………………………… 88
四、间隔断乳法 ……………………………………… 88

第三节　断乳仔猪的营养需要 …………………… 88

第四节　断乳仔猪的饲养管理方法 ……………… 90
一、"两维持，三过渡"制度 ……………………… 90
二、断乳仔猪的饲喂 ………………………………… 92
三、断乳仔猪的调教 ………………………………… 92
四、保育舍环境卫生 ………………………………… 93
五、预防疾病，合理免疫 …………………………… 95

第五节　断乳仔猪的饲料配制 …………………… 96
一、能量饲料的选择 ………………………………… 97
二、蛋白质饲料的选择 ……………………………… 97
三、饲料添加剂的选择 ……………………………… 99
四、断乳仔猪配合饲料实例 ………………………… 100

第五章　仔猪选购及新购进仔猪的饲养管理 …… **105**

第一节　仔猪选购方法 …………………………… 105

一、选仔猪品种 ……………………………… 105

二、看体质特征 ……………………………… 106

三、看食欲强弱 ……………………………… 106

四、看有无疾病 ……………………………… 107

五、看身形有无缺陷 ………………………… 107

六、看粪尿颜色 ……………………………… 107

七、其他 ……………………………………… 107

第二节 仔猪运输 ……………………………… 108

一、猪源组织 ………………………………… 108

二、装车 ……………………………………… 108

三、运输 ……………………………………… 109

四、卸车 ……………………………………… 109

第三节 新购进的仔猪的饲养管理 …………… 110

一、准备工作 ………………………………… 110

二、通风保暖 ………………………………… 110

三、配料 ……………………………………… 111

四、预防保健 ………………………………… 111

五、饲喂 ……………………………………… 112

六、驱虫 ……………………………………… 112

七、健胃 ……………………………………… 112

第六章 仔猪的疾病防疫 ……………………… 113

第一节 仔猪的免疫接种 ……………………… 113

一、疫苗接种时的注意事项 ………………… 113

二、疫苗的采购 ……………………………… 114

三、疫苗的运输 ……………………………… 114

四、疫苗的保管 ……………………………… 115

五、疫苗接种前注意事项 ………………………… 115

六、疫苗稀释 …………………………………… 115

七、免疫接种具体操作要求 ……………………… 116

八、疫苗使用前后的用药问题 …………………… 117

九、免疫接种后注意事项 ………………………… 117

十、疫苗接种效果的检测 ………………………… 118

第二节 仔猪的免疫程序 ………………………… 119

第七章 仔猪常见病的防治 …………………… 121

第一节 营养性疾病 …………………………… 121

一、维生素A缺乏症 ……………………………… 121

二、B族维生素缺乏症 …………………………… 122

三、维生素D缺乏症 ……………………………… 124

四、仔猪糖代谢病 ………………………………… 125

五、白肌病 ……………………………………… 126

六、铁、铜缺乏症 ………………………………… 127

七、钙、磷缺乏症 ………………………………… 129

八、碘、钴缺乏症 ………………………………… 130

九、锰、锌缺乏症 ………………………………… 132

第二节 细菌性疾病 …………………………… 133

一、仔猪黄痢 …………………………………… 133

二、仔猪白痢 …………………………………… 135

三、仔猪水肿病 ………………………………… 136

四、仔猪红痢 …………………………………… 137

五、仔猪副伤寒 ………………………………… 138

六、痢疾 ………………………………………… 140

七、克雷伯氏菌病 ……………………………… 141

八、放线杆菌病 ………………………………… 142

九、空肠弯曲菌病 ……………………………… 143

十、破伤风 ……………………………………… 144

十一、传染性萎缩性鼻炎 ……………………… 145

十二、肺疫 ……………………………………… 146

十三、丹毒 ……………………………………… 148

十四、传染性胸膜肺炎 ………………………… 149

十五、李氏杆菌病 ……………………………… 151

十六、链球菌病 ………………………………… 152

十七、增生性肠病 ……………………………… 154

十八、坏死杆菌病 ……………………………… 155

十九、肺炎双球菌败血症 ……………………… 157

二十、气喘病 …………………………………… 158

第三节　病毒性疾病 ………………………… 159

一、传染性胃肠炎 ……………………………… 159

二、流行性腹泻 ………………………………… 161

三、轮状病毒性腹泻 …………………………… 162

四、伪狂犬病 …………………………………… 163

五、断乳后全身消耗性综合征 ………………… 165

六、先天性震颤 ………………………………… 165

七、口蹄疫 ……………………………………… 166

八、猪瘟 ………………………………………… 167

九、繁殖 - 呼吸综合征 ………………………… 169

十、血凝性脑脊髓炎 …………………………… 170

十一、日本乙型脑炎 …………………………… 171

十二、东部马脑脊髓炎 …………………………………… 172

十三、脑-心肌炎 …………………………………………… 173

十四、包涵体鼻炎 …………………………………………… 174

十五、流行性感冒 …………………………………………… 175

十六、猪痘 …………………………………………………… 176

十七、腺病毒感染 …………………………………………… 177

十八、肠病毒感染 …………………………………………… 177

十九、传染性水疱病 ………………………………………… 179

二十、水疱性口炎 …………………………………………… 180

二十一、水疱疹 ……………………………………………… 181

第四节　寄生虫病 …………………………………… **182**

一、球虫病 …………………………………………………… 182

二、小袋纤毛虫病 …………………………………………… 183

三、弓形虫病 ………………………………………………… 183

四、蛔虫病 …………………………………………………… 184

五、类圆线虫病 ……………………………………………… 185

六、胃圆线虫病 ……………………………………………… 186

七、食道口线虫病 …………………………………………… 187

八、肾虫病 …………………………………………………… 188

九、毛首线虫病 ……………………………………………… 189

十、姜片吸虫病 ……………………………………………… 189

十一、绦虫病 ………………………………………………… 190

十二、细颈囊尾蚴病 ………………………………………… 191

十三、疥螨病 ………………………………………………… 192

十四、虱病 …………………………………………………… 193

第五节　其他疾病 …………………………………… **193**

一、僵猪 ……………………………………………………… 193

二、异嗜癖 ………………………………………………… 195

三、感冒 …………………………………………………… 196

四、肺炎 …………………………………………………… 197

五、胃肠炎 ………………………………………………… 198

六、创伤 …………………………………………………… 199

第八章　仔猪健康养殖中污染的控制 …………… **201**

第一节　养猪场环境污染的分析及危害 ……………… 201

一、污染空气 ……………………………………………… 201

二、污染水体 ……………………………………………… 201

三、污染土壤 ……………………………………………… 202

第二节　健康养殖场污染的控制 ……………………… 202

一、合理规划设计 ………………………………………… 202

二、科学营养调控 ………………………………………… 209

三、精细生产流程 ………………………………………… 210

第三节　猪场粪污无害化处理技术 …………………… 211

一、猪粪的处理 …………………………………………… 211

二、生产污水的处理 ……………………………………… 212

三、生活垃圾的处理 ……………………………………… 212

四、病死猪只的处理 ……………………………………… 212

五、粪污的处理模式 ……………………………………… 213

第四节　生态养猪模式 ………………………………… 216

一、不同生产内涵的生态养猪模式 ……………………… 216

二、不同生产规模的生态养猪模式 ……………………… 219

参考文献 …………………………………………………… **225**

第一章 母猪的分娩与接生

第一节 妊娠母猪的饲养管理

妊娠母猪是指处于妊娠生理阶段的母猪。母猪配种后，从精卵结合到胎儿出生，这一过程称为妊娠阶段。母猪的妊娠期一般为 111～117 天，平均 114 天。妊娠母猪的饲养管理是母猪饲养中最重要的环节之一，也是保证母猪健康生产和提高仔猪成活率最重要的环节，直接关系到胚胎与胎儿在母体内的正常发育、产后仔猪的数量、健康状况、母猪的泌乳力及下一周期的发情配种等诸多问题。为了保证胎儿在母体内正常生长发育，防止死胎和流产现象的发生，获得数量多、出生重、大而健壮的仔猪，为了保证母猪中上等体况，更好地储备泌乳期所需的营养物质，就必须掌握好妊娠母猪的正确饲养管理技术。

一、妊娠诊断方法

妊娠诊断是母猪繁殖管理上的一项重要内容。配种后，应尽早检出空怀母猪，及时补配，防止空怀。这对于保胎、缩短胎次间隔、提高繁殖力和经济效益具有重要意义。生产实践证明，母

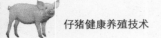

猪的非生产天数每增加1天就损失10元，在实际生产中如何减少非生产天数，除了合理的促发情和发情鉴定外，母猪早期妊娠诊断是一项重要的技术。下面介绍几种近年来较成熟、简便，并具有实际应用价值的早期妊娠诊断技术。

1.外部观察法

观看母猪外阴户，配种后如阴户下联合处逐渐收缩紧闭，且明显地往上翘，说明已经妊娠。配种10天后，如阴道颜色苍白，并附有浓稠黏液，触之涩而不润，说明已经妊娠。母猪如在配种后3周不返情，食欲旺盛，被毛光亮，性情温顺，行动稳重，且贪睡，即可初步判断已妊娠。可分别于母猪配种后的18～23天和40～45天，用试情公猪进行返情检查，在公猪2次试情后3～4天始终不发情，可初步确定为妊娠。

2.超声波检查法

超声波检查法是利用超声波的物理特性，将其和动物组织结构的声学特点密切结合的一种物理学诊断法。其原理是利用孕体对超声波的反射来探知胚胎的存在、胎动、胎儿心音和胎儿脉搏等情况来进行妊娠诊断。母猪怀孕28天时检出率最高，可直接观察到胎儿的心动。目前用于妊娠诊断的超声诊断仪主要有A型、B型和D型。

（1）A型超声诊断仪 该仪器体积较小，如手电筒大，操作简便，几秒钟便可得出结果，适合基层猪场使用，准确率在75%～80%。母猪配种后，随着妊娠时间增长，诊断准确率逐渐提高，18～20天时，总准确率和阳性准确率分别为61.54%和62.50%，而在30天时分别提高到82.5%和80.00%，75天时达到95.65%。

（2）B型超声诊断仪 该仪器可通过探查胎体、胎水、胎心搏动及胎盘等来判断妊娠阶段、胎儿数、胎儿性别及胎儿状态等。具有时间早、速度快、准确率高等优点，但价格昂贵、体积大，只适用于大型猪场定期检查。

（3）D型超声诊断仪（多普勒超声诊断仪） 该仪器可通过测定胎儿和母体血流量、胎动等做较早期诊断，51～60天准确率可达100%。

3. 尿液检查法

（1）尿液碘化检查法 在母猪配种10天以后，取其清晨第1次排出的尿放于烧杯中，加入5%碘酊1毫升，摇匀，加热、煮开，若尿液变为红色，即为已怀孕；如为浅黄色或褐绿色说明未孕。本法操作简单，准确率达98%。

（2）尿中雌酮诊断法 用2厘米×2厘米×3厘米的软泡沫塑料，拴上棉线作阴道塞。检测时从阴道内取出，用一块硫酸纸将泡沫塑料中吸纳的尿液挤出，滴入塑料样品管内，于−20℃储存待测。尿中雌酮及其结合物经放射免疫测定（RIA），小于20毫克/毫升为非妊娠，大于40毫克/毫升为妊娠，20～40毫克/毫升为不确定。准确率达100%。

4. 激素检查法

（1）孕马血清促性腺激素（PMSG）法 母猪妊娠后有许多功能性黄体，抑制卵巢上卵泡发育。功能性黄体分泌孕酮，可抵消外源性PMSG和雌激素的生理反应，母猪不表现发情即可判为妊娠。方法是于配种后14～26天的不同时期，在被检母猪颈部注射700国际单位的孕马血清制剂，以判定妊娠母猪并检出妊娠母猪。判断标准：以被检母猪用孕马血清处理，5天内不发情或发情微弱及不接受交配者判定为妊娠；5天内出现正常发情，并接受公猪交配者判定为未妊娠。在5天内妊娠与未妊娠母猪的确诊率均为100%。该法不会造成母猪流产，母猪产仔数及仔猪发育均正常，具有早期妊娠诊断和诱导发情的双重效果。

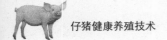

（2）己烯雌酚法　对配种16～18天母猪，肌内注射己烯雌酚1毫升或0.5%丙酸己烯雌苯酚和丙酸睾酮各0.22毫升的混合液，如注射后2～3天无发情表现，说明已经妊娠。但需要注意的是己烯雌酚的用量绝对不能超，如果注射3～5毫升己烯雌酚就会引起卵巢囊肿甚至个别流产。用注射用血促性素（同发素）给妊娠2个月的母猪注射也会引起流产。

（3）人绝经期促性腺激素（HMG）法　HMG是绝经后妇女尿中提取的一种激素，主要作用与PMSG相同。诊断准确率达100%。

5.其他方法

除上述方法外，还有血小板计数法、红细胞凝集法、掐压腰背部法、血乳中孕酮测定法、EPF检测法和子宫颈黏液涂片检查法等。

二、妊娠母猪体重及胚胎发育的变化

母猪进入妊娠期，由于胚胎不断发育，母猪的各个组织器官也发生一系列变化。在正常情况下，整个妊娠期初产母猪体重可增加50～60千克，经产母猪可增加40～50千克，母猪增重中15%是蛋白质，25%是脂肪。在妊娠初期由于胚胎重量较轻，绝对增重不高，但是60天以后增重速度明显加快，90天以后胎儿增重十分迅速，胎儿体重的60%都是在这一时期增加的。

三、妊娠母猪的饲养

1.妊娠母猪的营养需要

要养好妊娠母猪首先要掌握妊娠母猪营养的需要。一般认为，妊娠母猪每天需能量11.7兆焦/千克、蛋白质13%～15%、钙0.7%～0.9%、磷0.6%～0.8%、赖氨酸0.6%～0.8%、盐0.5%、粗纤维5.0%～8.0%、高水平维生素和微量元素。日食量初产母猪1.6～2.7千克/天、经产母猪1.4～2.5千克/天。随着妊娠天数的增加，妊娠母猪对营养物质的需要增多，特别是产前20多天需要量最多，其中以蛋白质、钙、磷的需要量最多。因此，在妊娠母猪的饲养上，一般把母猪妊娠期分为三个阶段，妊娠1～28天称为妊娠前期，妊娠29～85天称为妊娠中期，妊娠86天至产前称为妊娠后期。妊娠的不同时期在饲养上给予不同的待遇，既保证了母体健康，又保证胎儿得到充分的发育。

（1）妊娠前期的营养需要 妊娠前期是受精卵附植期，也是妊娠母猪饲养的第一个关键时期，该时期主要目的是保胎，营养需要不多。此时期日采食量不能超过2千克，日粮营养水平为粗蛋白14%～15%，消化能3兆焦/千克。此时如果母猪采食量过多的话，母猪子宫内的环境温度升高、血流量增加，这样会增加母猪门静脉的孕酮水平，进而会抑制卵泡发育，不利于受精卵的成活。

从配种后12天开始至30天是胚胎着床期，这时受精卵要附植在子宫不同部位发育，并逐步形成胎盘。在胎盘尚未形成之前，胚胎呈游离状态，如果此时料量过高会导致母猪基础代谢旺盛，子宫内环境安静状态受到干扰和破坏，将抑制胚泡的附植，因而引起部分胚胎的着床失败或死亡，影响产仔数。因此，为了胚胎着床及存活，一定要控制母猪的采食量。精料不能喂得太多，否则容易导致胚胎早期死亡。此时期，一般采取空怀母猪的饲养标准，降低饲粮的营养浓度，并提高饲粮体积，前期每头每天喂混合料1.5～1.8千克。

（2）妊娠中期的营养需要 妊娠1个月以后的母猪，受精卵已经完全牢固地在子宫壁上着床，很少出现流产和死胎现象。此时期目的是调整好母猪体况。母猪妊娠中期的营养需求也不高，只需营养全面、精粗搭配合理、适当添加些青粗饲料、保证有丰富的维生素。此时期母猪需要大量的粗纤维，因为粗纤维既起营养作用，又起饱腹作用。饲喂高纤维日粮可增加妊娠母猪产活仔数，改善泌乳母猪采食量，减少泌乳期失重，防止过分饥饿，日采食量控制在2千克左右。妊娠70～85天是乳腺发育时期，乳腺细胞大量增生，这时不能供应高能量的饲料，若饲喂过多，会出现脂肪颗粒填充乳腺的现象，抑制乳腺泡的发育，影响母猪产后的泌乳性能。

（3）妊娠后期的营养需要　这一时期胎儿的生长发育与增重特别迅速，母猪消化能力特别强，体重增加很快，所需营养显著增加，妊娠后期的母猪营养需求呈指数增加，胎儿以及母体均呈曲线生长。因此，这一时期可逐渐增加妊娠母猪的采食量，这样可以提高初生仔猪的体重。另外，由于胎儿体积迅速增加，子宫膨胀，消化器官受到挤压，消化机能受到影响，因此这个时期要逐渐减少青粗饲料，增加精饲料，减少饲料体积，或少吃多餐，防止母猪过食、消化不良或便秘，每头每天喂混合料2.5～2.8千克。这样，才能满足母猪体重与胎儿生长发育迅速增长的需要。但是，产前3～5天对膘情好的母猪应适当减料，以防产后乳汁过浓而使初生仔猪消化不良；对于较瘦弱母猪则不应减料，反而应增加饲料，让其吃饱。当发现母猪有临产症状时要停止喂料，只喂豆饼麸皮汤，保证母猪顺产。

2. 妊娠母猪的饲养标准

妊娠母猪的饲养标准参见表1-1和表1-2。

3. 妊娠母猪的饲料配方

妊娠母猪饲料配方的设计，要以母猪的生长性能、膘情、健康状况及当地的饲料原料为基础，因猪而异，因地而异。以下列出6种不同的妊娠母猪饲料配方，以供参考。

配方1：玉米38%，豆饼15%，麦麸10%，高粱糠35%，贝壳粉1.5%，食盐0.5%，青饲料1.72千克/头/日。

配方2：玉米65%，高粱18%，麦麸8%，豆饼4%，菜籽饼4%，骨粉0.5%，食盐0.5%。

配方3：统糠45%，玉米33%，麦麸6%，红薯干7%，豆饼7%，鱼粉1%，骨粉0.5%，食盐0.5%。

表1-1　中国妊娠母猪的饲养标准（每千克饲粮中养分含量）

类别	妊娠前期	妊娠后期	类别	妊娠前期	妊娠后期
消化能/（兆卡/千克）	2.80	2.80	锰/（毫克/千克）	8	8
消化能/（兆焦/千克）	11.72	11.72	碘/（毫克/千克）	0.11	0.11
代谢能/（兆卡/千克）	2.65	2.65	硒/（毫克/千克）	0.13	0.13
代谢能/（兆焦/千克）	11.09	11.09	维生素A/（单位/千克）	3200	3300
粗蛋白质/%	11.0	12.0	维生素D/（单位/千克）	160	160
赖氨酸/%	0.35	0.35	维生素E/（单位/千克）	8	8
蛋氨酸+胱氨酸/%	0.19	0.19	维生素K/（毫克/千克）	1.7	1.7
苏氨酸/%	0.28	0.28	维生素B_1/（毫克/千克）	0.8	0.8
异亮氨酸/%	0.31	0.31	维生素B_2/（毫克/千克）	2.5	2.5
钙/%	0.61	0.61	烟酸/（毫克/千克）	8.0	8.0
磷/%	0.49	0.49	泛酸/（毫克/千克）	9.7	9.8
食盐/%	0.32	0.32	生物素/（毫克/千克）	0.08	0.08
铁/（毫克/千克）	65	65	叶酸/（毫克/千克）	0.5	0.5
铜/（毫克/千克）	4	4	维生素B_{12}/（微克/千克）	12.0	13.0
锌/（毫克/千克）	42	42			

表1-2 1998年美国NRC妊娠母猪营养需要量[①]

项　目	配种体重/千克					
	125	150	175	200	200	200
	妊娠期体增重/千克[②]					
	55	45	40	35	30	35
	预期窝产仔数					
	11	12	12	12	12	14
日粮消化能含量/（千卡/千克）	3400	3400	3400	3400	3400	3400
日粮代谢能含量/（兆卡/千克）[③]	3265	3265	3265	3265	3265	3265
消化能摄入量估测值/（兆卡/天）	6600	6265	6405	6535	6115	6275
代谢能摄入量估测值/（兆卡/天）	6395	6015	6150	6275	5870	6025
采食量估测值/（兆卡/天）	1.96	1.84	1.88	1.92	1.80	1.85
粗蛋白质/%[④]	12.9	12.8	12.4	12.0	12.1	12.4

①根据妊娠模型估计每日消化能和饲料摄入量及氨基酸需要量。

②体增重包括母体增重和妊娠产物增重两方面。

③假定代谢能为消化能的96%。

④粗蛋白质和总氨基酸需要量以玉米-豆粕性日粮为基础确定。

　　配方4：玉米30.8%，大麦28.0%，草粉24.0%，豆饼4%，麦麸6%，花生饼6%，骨粉0.7%，食盐0.5%。

　　配方5：玉米25.0%，大麦40%，麦麸23.5%，棉仁粕8%，鱼粉2%，骨粉1%，食盐0.5%。

　　配方6：稻谷粉41%，小麦麸20%，米糠14%，豆叶粉10%，花生饼7%，蚕豆粉5%，贝壳粉2%，食盐1%。

4.妊娠母猪的饲养方式

　　在生产实践过程中，因母猪的年龄、体况、发育等不同，就有许多不同的饲养方式。但无论采用哪种饲养方式都必须使母猪在妊娠阶段的体况恰到好处，即不能太肥也不能太瘦。过肥的母猪生产过程延长、健康仔猪少、死亡率高，产后子宫炎、乳腺炎发病率高。过瘦的母猪抵抗力差，仔猪出生体重低，乳汁少，母猪断乳后更瘦，难再发情。针对母猪个体情况，根据母猪的膘情和生理特点情况来确定喂料量，适当调整配方，合理饲喂。让母猪保持合适的中等膘情，经产母猪产前应达七八成膘情，初产母猪则要有八成膘情，就是一个合格的怀孕母猪。一般采用以下四种饲喂方式。

（1）"抓两头顾中间"的饲养方式　对断乳后膘况差的经产母猪。"一头"是在母猪妊娠初期和配种前后，从配种前几天开始至怀孕初期阶段加强营养，前后共约 1 个月，喂优质粗饲料，逐渐加喂精料比例，特别是富含蛋白质的饲料。通过加强饲养，使其迅速恢复繁殖体况。"顾中间"是指可在妊娠中期待体况恢复后，适当降低精饲料的供给，以青粗饲料为主。另"一头"是到妊娠后期，由于胎儿增重速度加快，再次提高营养水平，增加精料喂量，后期的营养水平应高于前期，达到营养最高水平。这样，既保证胎儿对营养的要求又使母猪为产后泌乳储备一定量的营养。

（2）"步步登高"的饲养方式　对处于生长发育阶段的初产母猪和生产任务重的哺乳期间配种的母猪，在怀孕初期以青粗饲料为主，逐渐增加精料比例，相应增加饲料中蛋白质和矿物质的含量。在初产母猪的妊娠中、后期营养必须高于前期，产前 1 个月达到高峰。对于哺乳期间配种的母猪，在哺乳后期要加强营养供给，保证母猪双重负担的需要。整个妊娠期的营养水平及精料使用量，按胎儿体重的增长，随妊娠期的增进而逐步提高。

（3）"前粗后精"的饲养方式　对配种前膘况好的经产母猪可以采取这种饲养方式。即在妊娠前期胎儿发育慢、母猪膘情又好者可适当降低营养水平，日粮以青粗饲料为主，相应减少精料喂量；妊娠后期胎儿发育加快，需要营养增多，再按标准饲养，逐渐加喂精料比例，以满足胎儿迅速生长的需要。

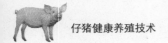

（4）"一贯式"的饲养方式　根据母猪妊娠期合成代谢能力增强、营养利用率提高这些生理特征，在保证饲料营养全面的同时，采取全程饲料供给"一贯式"的饲养方式。这种饲养方式既减少阶段性饲养变更的繁琐，又不影响母猪繁殖生产力。但是在饲料配制时，要调制好饲料营养，确保营养不能过高，也不能过低。

四、妊娠母猪的管理

妊娠母猪管理的要点是做好保胎工作，促进胎儿正常发育，避免机械性损伤，防止化胎、流产和死胎。具体应做好以下几点。

1. 单圈饲养

怀孕母猪受到外界的影响，容易发生流产，因此，最好单独饲养，以防止母猪相互拥挤、滑倒、咬架和挤压。不可鞭打、追赶和惊吓，以免造成机械性损伤，引起死胎和流产。注意饲养密度，一般妊娠母猪平均占有圈舍面积不低于2平方米。

2. 猪舍环境

注意保持猪舍及猪体的清洁卫生，做好猪舍粪尿及时清理和定期消毒工作。保证地面干燥，尽量降低圈内湿度。注意猪舍通风换气，保持舍温 10～25℃。妊娠早期应特别注意防暑降温，因为妊娠早期对高温十分敏感。冬季要注意防寒保温、防贼风。提供安静舒适的生活环境，尽可能减少各种噪声。

3. 饲料卫生

发霉或带有毒性的饼类，含有农药残留的饲料，酸性过大的青贮饲料，含有酒精较多的酒糟都不能用来饲喂妊娠母猪。妊娠期不能频繁变换饲料，以免引起应激反应，而引起流产。猪食槽应定期清洗、消毒，清除剩料，食槽中的饲料最易发霉，若不清除，新料也会被污染，长期不清理对猪的健康相当不利，还容易造成流产。

4.运动管理

适当运动，每天运动1～2小时，有利于增强体质，促进血液循环，加速胎儿发育，减少难产的发生。妊娠第1个月和临产前7～10天要少运动，因为妊娠第1个月要恢复体力和膘情，产前1周要防止母猪在运动场上产仔，所以均要少运动。

5.加强管理

饲养员要加强责任心，耐心、细心照顾，切不可粗暴对待妊娠母猪。每天加强巡视，观察母猪食欲、饮水、排粪、排尿以及精神状态是否正常。

6.做好免疫

母猪和仔猪的相关疫病也是严重影响母猪生产性能的重要因素，平时做好卫生消毒和疾病防治工作是非常重要的。在产前1个月对妊娠母猪进行免疫注射，接种伪狂犬疫苗，仔猪黄痢、白痢、红痢疫苗，链球菌苗；在每年10月接种1次病毒性腹泻症-传染性胃肠炎及流行性腹泻二联苗；根据不同猪场的具体情况，有选择性地加强接种口蹄疫疫苗，细小病毒病、蓝耳病毒病、猪肺疫、大肠杆菌病、副伤寒等疫苗。

第二节 母猪产前准备工作

母猪分娩是养猪生产中最繁忙、最细致、最重要，也最易出问题、会直接影响经济效益的生产环节。为了保证母猪安全分娩，初生仔猪全活、健壮，母猪的产前准备工作尤为重要。

一、产房准备

母猪分娩前半个月，应对圈舍内外环境进行1次大清扫，猪

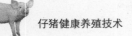

舍周围用生石灰或石灰乳等进行消毒，产床和补料槽进行认真冲洗，再用 2% 热火碱水或 10% ～ 20% 石灰乳或 30% 草灰水喷洒消毒，有条件的最好用甲醛熏蒸消毒。如产房潮湿应进行通风或撒生石灰。检查饮水器功能是否正常。夏季产房要有降温通风设备，冬季产房内应有取暖保温设备，产房内的相对湿度以控制在 65% ～ 70% 为宜，温度最低应保持在 8℃以上，最好为 15 ～ 20℃。产房内应铺垫干暖、柔软、铡短（10 ～ 15 厘米）的垫草。有仔猪保温箱的猪场，应提前 2 小时将保温箱温度调整到 32℃。

产房实行"全进全出"制度。每出完一间猪，对此间栏舍进行彻底清洗及消毒，消毒后空栏 1 周，下一批进入母猪要清洗消毒后才能调入，安排好母猪和仔猪的调入和调出，这是产房疾病控制的一项最为重要的核心工作。

二、接产用品准备

准备好胶皮手套、注射器、针头、石蜡油、2% 碘酒、催产素、青霉素、抗生素、消毒药品等接产用品。另外根据需要准备垫草、剪子、钳子、保温灯、毛巾、水桶、水盆、缝合针、缝合线、疫苗、产仔记录本和耳号钳等。记录本主要是记录仔猪号、仔猪的体重、仔猪的父本和母本等信息。冬天，尤其是敞圈分娩应预备一些防寒物品和 25% 葡萄糖以作仔猪抢救用。

三、母猪产前饲养管理

1. 饲喂

于产前 10 ～ 15 天逐渐向哺乳期日粮过渡，防止产后骤然变料引起消化不良和仔猪下痢。若母猪膘情较好，产前 5 ～ 7 天逐渐减少 20% ～ 30% 的精料喂量，至产前 2 ～ 3 天进一步减少

30%～50%的日粮，避免产后初期乳量过多、过稠引起仔猪下痢或母猪发生乳腺炎。若母猪膘情一般则不减料。若母猪膘情不好，则应加喂富含蛋白质的催乳料和青绿多汁饲料，尽量少喂干粗不易消化的纤维饲料。产前2～3天不要喂得过饱。临产前，可适当增加麦麸等带轻泻性饲料，将其调制成粥料进行饲喂，并且供给充足的饮水，防止母猪便秘而导致难产。临产时应停止喂料，只饮麸皮、豆饼汤，少加温食盐汤，防止母猪便秘。

2.转入产床

产前要自由运动，于产前3～7天将临产母猪迁入产房，使母猪熟悉产房环境，便于以后管理。但不可过早迁入，以免污染产房。更不可过晚迁入，以防产在外圈，造成损失。要多接触母猪，避免母猪产仔时出现不让人接近的恶癖。随时观察待产母猪的变化，及时做好接产准备。

3.清洁和消毒

产前半个月用1%敌百虫喷雾灭虱，防止产后传播给仔猪。临产前2～3天用温热水冲洗猪体，如果母猪身上有粪便和污垢，则可以用毛刷轻轻刷洗，再用温热水冲洗干净。这样，既可以保证产床的清洁卫生，又能减少初生仔猪的疾病感染。最后，再用2%来苏尔水对母猪的乳头、腹部和阴户进行彻底消毒。

四、母猪产前的特征

1.乳房变化

母猪在产前15～20天，乳房由后向前逐渐下垂，越接近临产期，乳房有光泽，发红发亮，两侧乳房外涨，乳头呈八字形分开，皮肤紧。

2.乳汁的变化

当母猪前部乳头能挤出乳汁时，大约在24小时分娩；中间

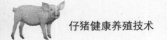

乳头能挤出乳汁时,大约在 12 小时分娩;最后一对乳头能挤出乳汁时,大约在 2 ~ 6 小时分娩。

3.母猪的表现

可以根据母猪产前表现的变化,大致预测分娩时间,以便做好接产的准备。临产前的母猪阴户肿大、充血,尾根两侧下陷,俗称"塌胯"。母猪行动不安,叼草絮窝,突然停食,来回走动,频频排便排尿,但排尿量小、排粪便小而软,说明当天即将产仔。当母猪卧下、出现阵缩症状、阴门开始流出淡红色或淡褐色黏液(即羊水)时,说明即将分娩。可根据表1-3母猪产前表现与产仔时间表作为参考。

表1-3 母猪产前表现与产仔时间

产前表现	距产仔时间
乳房肿大(俗称"下奶缸")	15天左右
阴户红肿,尾根两侧开始下陷(俗称"塌胯")	3 ~ 5 天
挤出乳汁(乳汁透明)	1 ~ 2 天(从前面乳头开始)
叼草做窝(俗称"闹栏")	8 ~ 16 小时
乳汁为乳白色	6 小时左右
每分钟呼吸90次左右	4 小时左右(产前 1 天每分钟呼吸约54次)
躺下、四肢伸直、阵缩间隔时间逐渐缩短	10 ~ 90 分钟
阴户流出分泌物	1 ~ 20 分钟

第三节 母猪的分娩

分娩是母猪围产期最重要的环节,是母猪生殖周期的"生死关",是一个高能耗、高风险、高感染、强疼痛的过程。正确的分娩护理能降低母猪的分娩应激,缩短产程,减少难产和提高抗感染的概率。

一、准确推算预产期

要做到心中有数，避免损失，可以根据配种记录对妊娠母猪逐头推算出预产期。妊娠母猪的预产期推算方法通常有以下三种。

1."三三三"法

以30天为1个月计算，即3个月（30×3）加上3周（7×3）再加上3天共计114天。例如3月5日配种，第一步加3个月（90天）是6月5日，第二步加3周（21天）是6月26日，第三步加3天是6月29日。所以6月29日即为分娩日期。

2."月加4日减6"法

即配种月份加上4，配种日期减去6。例如3月5日配种，第一步月份加上4是7月5日，第二步日期减去6是6月29日。所以6月29日即为分娩日期。若遇到2月份或连续两个"大月"（31天）的情况时，就要做适当的调整。

3."月减8日减7"法

即配种月份减去8，配种日期减去7。例如3月5日配种，第一步月份减去8是7月5日，第二步日期减去7是6月29日。所以6月29日即为分娩日期。

二、影响母猪分娩的主要因素

影响母猪分娩的主要因素有产力、产道、胎儿和心理因素。

1.产力

产力包括阵缩和努责。阵缩是子宫有节奏的收缩，这主要是由催产素主导。在生产中为了增加子宫的收缩力，会给分娩母猪注射外源性激素"缩宫素"，但这种宫缩是痉挛性收缩，容易导致胎儿血流供应受阻，缺氧死亡。努责是一种腹肌和膈肌的反射性收缩，是机体腹壁肌肉与分娩相关肌肉的收缩。这就要求妊娠

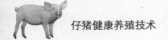

期母猪要适量运动，增强腹肌和膈肌的收缩能力，增强体质，有助于减轻分娩时的疼痛。

2.产道

母猪的产道包括硬产道（骨盆口）和软产道（子宫颈、阴道、阴门）。母猪是不太容易发生难产的，因为猪的骨盆入口为椭圆形，倾斜度很大，骨盆底部宽而平坦，骨盆轴向下倾斜，并且接近于直线，胎儿通过比较容易。对于初产母猪可能会因为宫颈口张开不全而影响生产，因为初产母猪内分泌系统还不很完善，容易出现前列腺素分泌不足，黄体溶解不彻底而导致子宫口开张不全。

3.胎儿

胎儿是影响母猪分娩的重要因素，包括胎儿的大小、胎儿活力和胎儿与母体产道的位置关系。胎儿的大小，一般是将仔猪初生体重控制在1.3千克左右，过大就容易导致母猪难产。胎儿的活力很重要，它是直接影响母猪产程的因素。如果胎儿活力差会使母猪生产时间延长，这样很容易增加母猪的难产率，另外，胎儿活力差还会导致羊水不足，这也是引起难产的重要原因。胎儿与母体产道的位置关系，主要是胎向、胎位、胎势。

胎儿在产道必须保持正确的向、位、势，才能在母猪产力作用下娩出。胎向是指胎儿的纵轴与母猪纵轴的关系。有纵向、横向、竖向。当胎儿的纵轴与母猪纵轴平行时为纵向，无论是头部前置还是臀部前置都是正常的；胎儿的纵轴与母猪纵轴水平垂直则为横向；胎儿的纵轴与母猪的纵轴立体垂直则为竖向，后两种胎向均造成难产。胎位是指胎儿的背部与母猪背部的关系，当胎儿的背部与母猪的背部紧贴时为背位，是正常的；当母猪胎儿背部紧贴母猪腹部时为仰卧位，可造成难产。胎势是指胎儿头、颈与四肢在产道的姿势。与马、牛比较，猪的颈部短，形成头颈下弯、头颈上仰、头颈侧弯的难产胎势的概率很小；四肢也短，形成肩关节前置、肘关节屈曲的概率也小。即使胎儿姿势异常，因母猪胎儿异常姿势端短，且母猪产道扩展度大（可容2.5千克胎儿正产娩出），矫正难度小，均可矫正后娩出。

4.心理因素

除产力、产道和胎儿因素外，母猪心理因素也是影响母猪分娩的重要因素之一。精神紧张会明显干扰机体激素的分泌，从而影响产力，进而影响产程。单调、枯燥的限位环境，让后备母猪对环境的适应能力差。一胎母猪首次分娩对环境的要求比较高，例如光线太亮、声音太吵、天气太热、有生人在场等都会影响母猪的分娩心理。此外，群养中的弱势个体形成胆小个性，它们一旦转入产房的时间太短，便不能适应，形成分娩恐惧，不能安静下来待产。因此，后备母猪转入产房的时间一定是在分娩前1周，不可以过于逼进预产期才转入，播放轻音乐可以缓解母猪紧张心理。

三、母猪的分娩过程

1.临产征兆

母猪临产前在生理上和行为上都会发生一系列变化，掌握这些变化规律既可以合理安排时间，又可以防止漏产。因此，饲养员应注意掌握母猪的产前征兆，如腹部膨大下垂，乳房有光泽并膨胀显著呈黄瓜状；乳头变硬、竖立、变红、发亮，八字张开，最后一对乳头呈"八字形"，用手挤压有乳汁排出；阴户变大松弛，尾根两侧下陷。临产当天，母猪食欲减退或废绝。产前6～10小时母猪出现叼草做窝现象；产前2～5小时频频排尿，起卧不安；产前0.5～1小时母猪卧下，出现阵缩，阴门外流出黏液即羊水，表明即将分娩。但应注意营养较差的母猪，乳房的变化不是特别明显，要依靠综合征兆做出判断。

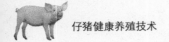

产前症状可以归纳为"三看一挤"。一看乳房，膨大有光泽，呈八字形；二看尾根，尾根下凹，阴门松弛，红肿，有黏液流出；三看行为，临产前母猪精神紧张，对环境非常敏感，食欲大减，起卧不定，不让人走近，频排粪尿；一挤乳头，如用手挤压母猪乳头，有乳汁流出，则几小时后母猪就有分娩。

2.分娩过程

分娩过程可以分为准备、胎儿产出、胎盘排出及子宫复原四个阶段。

（1）准备阶段　在准备阶段之前，子宫相对稳定，这时能量储备达到最高水平，临近分娩前，肌肉的伸缩性蛋白质（即肌动球蛋白）开始增加数量和改进质量，使子宫能够提供排出胎儿所必需的能量和蛋白质。准备阶段母猪血浆中的雌激素升高很快，雌激素的增加促使胎盘和卵巢分泌松弛激素，从而使耻骨韧带松弛，子宫颈扩张，产道加宽。子宫和阴道受到刺激，促使下丘脑的视上核和旁室核合成催产素增加；催产素通过下丘脑的神经纤维释放到垂体后叶，并储存在那里；催产素经血液输送，刺激子宫平滑肌收缩，子宫开始收缩。准备阶段以子宫颈的扩张和子宫纵肌及环肌的节律性收缩为特征。由于这些收缩的开始，迫使胎内羊水液和胎膜推向已松弛的子宫颈，促进子宫颈扩张。在准备阶段初期，子宫以每15分钟周期性地发生收缩，每次持续约20秒钟，随着时间的推移，收缩频率、强度和持续时间增加，一直到以每隔几分钟重复地收缩。这时任何异常的刺激都会造成分娩的抑制，从而延缓或阻碍分娩。

在准备阶段结束时，由于子宫颈扩张而使子宫和阴道成为相连续的管道。促使胎儿被迫进入骨盆入口，尿囊绒毛就在此处破裂，尿囊液顺着阴道流出体外，整个准备阶段需2～6小时，超过6小时，很可能就会造成难产。

（2）胎儿产出阶段　当膨大的羊膜同胎儿头和四肢部分被迫进入骨盆入口时，引起了膈肌和腹肌的反射性及随意性收缩，使腹腔内压升高，羊膜囊破裂，同时伴随着子宫的收缩，在羊膜里的胎儿即通过阴门排出体外。猪的胎盘与子宫的结合是属弥散性的，在准备阶段开始后不久，大部分胎盘与子宫的联系就被破坏而脱离。如果在排出胎儿阶段，胎盘与子宫仍然不能很快脱离，胎儿就会因窒息而死亡。从第一头仔猪产出到最后一头，正常分娩时间为 1～4 小时（每头仔猪产出的时间间隔为 5～25 分钟），超过 5 小时，就有可能造成难产。

（3）胎盘排出阶段　胎盘的排出与子宫的收缩有关。由于子宫角顶部开始的蠕动性收缩引起尿囊绒毛膜的内翻，这有助于胎盘的排出。在胎儿排出后，母猪即安静下来，在子宫主动收缩下使胎衣排出。母猪在产仔结束（一般情况下 2～4 小时）30 分钟左右排出胎衣，若排出胎衣上脐带头数目等于已产出仔猪头数时，可判断胎衣已排完。应及时将胎衣、污染的垫单一起清除，不能让母猪吃胎衣，防止染上吃仔猪的恶癖。

（4）子宫复原阶段　胎儿和胎盘排出以后，子宫恢复到正常未妊娠时的大小，这个过程称为子宫复原。在产后几周内子宫的收缩比正常更为频繁，这些收缩的作用是缩短已延伸的子宫肌细胞。第 1 天子宫每 3 分钟收缩 1 次，到第 3～4 天时子宫每 10～12 分钟收缩 1 次，收缩结束会使子宫肌细胞的距离缩短。大约 10 天子宫体复原，但子宫颈的复原比子宫体要慢，大约需 22 天，子宫完全恢复到正常大小，大约要 45 天。

第四节　仔猪的接生

母猪妊娠 113 天就该做好接生的准备工作。母猪的分娩一般

都是在傍晚或者晚上，如果想让它在白天产子，可以在当日的早上8点左右肌注氯前列烯醇1支，这样就能在第2天的白天产子。

一、接生的准备

1.准备接产用具

包括外科剪、耳钳、齿钳、止血钳、断尾钳、弹簧秤、擦布、记录本和笔、碘酒或酒精棉球。另外准备一个木板箱或箩筐作为放置新生仔猪的容器，木板箱或箩筐底上应垫上柔软卫生的垫草或旧衣服，上面盖上麻袋。冬天还要准备好保温灯。

2.准备各种疫苗和药品

包括猪瘟兔化弱毒冻干疫苗、伪狂犬油乳剂灭活疫苗、缩宫素OXT、保康素、强心剂、青霉素、链霉素、0.9%的生理盐水、0.1%的高锰酸钾溶液、液体石蜡油或凡士林等。

3.接产用具的消毒

包括外科剪、耳钳、齿钳、止血钳、断尾钳等接产用具的消毒。

4.接产工作人员消毒

接产工作人员应剪短指甲，并打磨指甲边缘，用肥皂水将手洗干净，再用消毒液消毒手及手臂。

5.母猪消毒

产前用1%的高锰酸钾等消毒药水洗净母猪乳房、乳头、臀部和外阴部，再用温热毛巾擦一遍，祛除消毒药水气味。

二、接生操作

1.安全接产

母猪分娩时，可让母猪自由产出胎儿，也可在仔猪刚露出时，用手握住仔猪头部，随母体努责的力量向外牵引仔猪。仔猪产出后，立即用清洁温湿的毛巾或抹布将口、鼻和全身的黏液擦拭干净，以利于仔猪呼吸，防止受冷感冒。如果有个别的仔猪包在胎衣里，应立即将胎衣撕开，防止仔猪因为窒息而死亡。

2. 断脐

仔猪擦净全身后接着进行断脐。用左手将猪按倒，侧卧保定，并且用食指和拇指将脐带内的血液向腹部方向挤压，在离腹部4～5厘米处掐住脐带靠腹部的一端，将脐带用手捏断或用剪刀剪断，切忌拉扯脐带，防止脐疝发生。然后在断处涂上5%的碘酒消毒，防止脐带感染。若断脐时流血过多，可用手指捏压住断头压迫止血，或用绳线结扎脐带止血。将仔猪放入备好的木板箱或箩筐内。

3. 药物注射和疫苗接种

肌内注射或灌服庆大霉素或链霉素，防止仔猪黄白痢。条件好的猪场可以口服1～2毫升宝康素。用伪狂犬油乳剂灭活疫苗喷鼻（每个鼻孔喷1～2次）或滴鼻（每个鼻孔1～2滴）；每头仔猪注射猪瘟兔化弱毒冻干疫苗1～1.5份。1.5～2小时后再哺食初乳。

4. 打耳号、剪牙断尾

打耳号，用统一的编号法（如图1-1），一般公猪编单号，母猪编双号。将新生仔猪的4对尖牙（上下颌的左右各2枚）的尖剪掉即可，不要剪得太多，更不要将牙剪碎，千万不要剪到牙龈。断尾最好用电热剪慢慢将新生仔猪尾巴在2/3处剪断（快速剪断法会出血）；或用旧的断线钳子（钳口钝或稍有缝隙）断尾，尾骨剪断，但尾巴不断，过几天尾巴自行脱落（这样不出血）。如果用其他钳子直接将尾巴剪断，出现蘸碘酒止不住血的，可在断口处涂上高锰酸钾粉。

5. 称重

称量仔猪初生体重，并做好产仔记录，建立完善的产仔记录，认真填写，内容有栏位号、母猪耳号、仔猪出生时间、性别、初生重、健仔、弱仔、死胎、木乃伊、助产情况（药物助

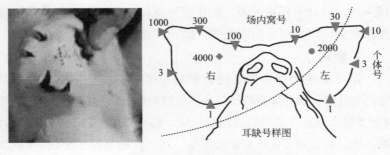

图1-1　仔猪耳缺号样图

产、人工助产），要求字迹工整、规范、详细。接生结束后，应立即清除舍内胎衣和弄脏的垫草，以防止母猪吃掉胎衣，引起母猪消化不良或形成咬食仔猪的恶癖。

6. 及早吃初乳

初乳为母猪产后3～5天内所分泌的乳汁。尽量让仔猪在出生后6小时内吃到初乳，若产程过长的应分批喂奶。仔猪尽早哺乳不但能提高自身的抵抗力，还能刺激母猪迅速分娩，所以断脐后应尽早让母猪哺乳。固定乳头，初生体重小的仔猪吃母猪前面的乳头，初生体重大的仔猪吃母猪后面的乳头。

三、假死仔猪急救

有的仔猪产出时不能呼吸，但心脏仍在跳动，称为"假死"。应立即进行救护，一般都能救活。其方法有以下两种。

1. 人工呼吸

简便而有效的方法，施行人工呼吸时，捏住仔猪嘴，盖上消毒纱布，对准仔猪鼻孔猛力吹气，直至仔猪叫出声为止；或将仔猪四肢向上，一手托起肩部，另一手托起臂部，然后两手一伸一屈反复进行，同时有节奏地轻轻按压仔猪胸部，促使呼吸恢复；或手提仔猪后肢，使头部向下，促使鼻腔中的黏液流出，同时用手连续轻轻拍打胸部，帮助恢复呼吸。

2. 药物刺激

用刺激性强的药液，如酒精、碘酒、氨水等涂于仔猪鼻端，刺激鼻黏膜，使其恢复呼吸。

四、难产处理

1. 催产素助产

在仔猪出生1～2头后，估计母猪骨盆大小正常，胎儿大小适度，胎位正常，从产道娩出是没问题的，但因为子宫收缩无力，母猪长时间努责但仍不能产出仔猪（间隔时间超过45分钟），并出现呼吸困难，心跳加快，这表明母猪发生了难产，这时可考虑使用催产素，增强子宫收缩力促使胎儿娩出。此时可注射人工合成催产素OXT，用量按100千克体重注射1毫升，注射后20～30分钟一般可产出仔猪，特殊情况下可配合强心剂使用。

2. 手术助产

若注射催产素30～60分钟后仍不能产出仔猪时，则要采用手术接产。手术前，助产人员剪短指甲，并打磨指甲边缘，用肥皂水将手洗干净，再用0.1%高锰酸钾水消毒手和手臂，并涂上润滑剂，同时将母猪后躯、肛门和阴门用0.1%高锰酸钾水洗净消毒，然后助产人员将右手五指并成圆锥形，手心向下，趁母猪努责间歇，缓缓地伸入阴道，接触到胎儿时先检查仔猪胎位是否正。若是正胎位时，用拇指和食指夹住胎儿下颌，随母猪努责时将仔猪向外拉出，当难以拉出时，可借助助产钩子钩住仔猪下颌，随母猪努责时将仔猪向外拉出。仔猪的伤口要严格进行消毒，并注射抗生素。若是倒胎位时，用中指和食指紧紧夹住胎儿的飞节，随母猪努责时将仔猪向外拉出。若是横胎位或竖胎位时，应先进行胎位校正后再掏出（母猪努责时拉出，不努责时停

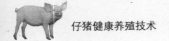

止，以免损伤产道或伤及胎儿）。校正胎位时，在努责间歇将胎儿向宫腔内推移，慢慢翻转成正胎位。术后给母猪注射抗生素，防止子宫和阴道感染。

3.剖宫产手术

在手术助产的过程中，如果发现胎儿过大而无法拉出时，可以进行剖宫产手术，直接将仔猪从母猪腹中取出。

五、产后护理

母猪分娩时水分、钾离子、钠离子等流失较多，分娩后容易口渴，分娩时母猪消耗大量体力，分娩后消化能力降低。因此，母猪分娩后当天只能喂麦麸汤1～1.5千克（加食盐25克），不能喂配合饲料或干稠饲料，以后每天加250克，到第7天才可恢复正常饲喂。分娩后母猪静脉注射长效抗生素、氯化钠、葡萄糖液、甲硝唑、维生素等，防止产后感染。难产母猪可用5%～12%氯化钠液、青霉素3万单位/千克体重，用专用管导入子宫内冲洗，每日2次，连续3～5天，有利于炎症早日消失，及早恢复母猪的食欲。

第二章　新生仔猪的饲养管理

　　新生仔猪是指出生至脐带干燥脱落以前的仔猪，一般1周龄左右。新生仔猪生长阶段是生长发育最迅速、可塑性最大、饲料利用效率最高、最有利于定向选育的时期。近年来新生仔猪越来越受到养殖者的高度重视，新生仔猪的死亡率较高，是养猪过程中最难管理、最费精力的环节。因此，在实际生产中，根据新生仔猪的生理特点，做好新生仔猪护理的工作就显得尤为重要。

第一节　新生仔猪的生理特点

　　仔猪出生离开母体后，在三个方面发生了骤然变化：仔猪在母体内依靠母体胎盘进行气体交换，母体供给氧气与运走二氧化碳，出生后变为由自身呼吸系统和血液循环系统工作；仔猪出生前在母体内是无菌环境，而出生后要受到各种微生物侵袭；仔猪出生前母体温度恒定，出生后要靠自身调节。因此，了解新生仔猪的生理特点，是搞好新生仔猪培育的基本前提。

一、生长发育快

　　仔猪平均初生重为1.24千克，不到成年体重的1%，在第1

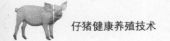
周内的个体相对增重为2.37千克，增幅为191.13%；到21日龄断乳时个体相对增重为5.53千克，增幅达4.46倍。说明仔猪出生后生长发育十分迅速，物质代谢旺盛；同时，对营养物质的全价性要求较高，特别是蛋白质代谢和钙磷代谢比成年猪高得多，仔猪对营养物质的需要无论在数量和质量上都较高，对营养不全和成分差异较大的饲料反应特别敏感。因此，新生仔猪必须保证各种营养物质的供应，才能快速生长。

二、消化机能不完善

新生仔猪出生时消化器官重量和容积相对很小，机能不完善。胃的容积只有25～40毫升，重4～5克，20日龄时胃重才达到35克左右，容纳乳汁不多。由于胃的容积小，胃内食物排空的速度也快，酶系统发育不完善。新生仔猪胃内只有凝乳酶，而唾液内和胃液中蛋白酶很少。胃底腺也不发达，不能分泌胃酸，胃内缺乏胃酸和胃蛋白酶（胃蛋白酶呈酶原状态存在），不能消化蛋白质，主要靠肠腺和胰腺分泌消化液，在肠内消化吸收，只能利用乳蛋白，对植物性蛋白质消化很差。由于初生仔猪消化机能的不完善，构成了仔猪对饲料质量、形态、饲喂方法和次数等饲养技术的特殊要求，在给仔猪供料时应具备容积小、质量高、少喂勤添、日喂次数较多等特点。

三、调节体温的机能不健全

仔猪初生时，大脑神经发育不健全，物理调节和化学调节效率都很低，对调节体温不能灵活自如，不能根据外界气温的变化有效地调节体温。同时体内氧化供热物质少，皮下脂肪较少，新生仔猪皮薄毛稀，保温隔热能力差，形成产热少、需热多、失热多的情况，易导致初生仔猪怕冷。因此，仔猪初生期不耐寒，易死亡。初生仔猪适宜的环境温度为35℃，体重4千克时为29℃，10千克时为24℃，吃初乳后在20℃环境中2天才能恢复正常体温。初生仔猪裸露在1℃环境中，经2小时冻死。这是因为在寒冷的环境中，初生仔猪的体温随之降低，表现出活力下降，反应迟钝，仔猪体质变弱，对疾病抵抗力降低。在32～35℃环境中，饲喂在水泥地面上的仔猪，往往"扎堆"睡觉，此时应在猪舍一角放褥草取暖，因此，在高温环境中也需防止地面过凉。

四、易患病和死亡

免疫抗体是一种大分子球蛋白物质，在猪体内起杀死病毒、细菌，保证猪体健康的作用。由于猪胎盘的特殊构造，母猪血管与胎脐血管被6～7层组织隔开，免疫球蛋白不能通过母体血液直接输送给胎儿，从而使得仔猪生前不能从母体获得免疫抗体，也不能由自身产生，因此，新生仔猪缺乏先天免疫力，对疾病的抵抗力很差。仔猪出生后10天开始自身产生免疫抗体，5～6周龄时才达到较高水平，5～6月龄时达到成年水平。因此，刚出生的仔猪只能靠吃母猪初乳（主要是第1天分娩的乳汁）获得免疫抗体。初乳中含有大量抗体，但下降很快，一般来讲，3天后即已很低，故应让仔猪尽早吃到初乳。仔猪出生后24小时内，由于肠道上皮处于原始状态，对蛋白质的通透性较高，仔猪出生后24小时之内吃到初乳，可以不经转化即能直接被吸收到血液中，使仔猪血清中免疫球蛋白数量增加，免疫力迅速增强。但肠壁的这种吸收能力随肠道的发育而变化，36～72小时后肠壁的吸收能力显著下降，同时从初乳中获得的抗体随日龄的增加而逐渐下降。因此，必须让仔猪在24～25小时内吃足初乳，可预防疾病，提高仔猪成活率。

五、易贫血

铁是哺乳仔猪生长发育所必需的微量元素，是体内多种酶的组成部分。仔猪出生时体内仅含铁40～50毫克，可满足1周的需要。仔猪铁的唯一来源是母乳，仔猪每日需铁7毫克，而每天母乳中最多可获得1毫克铁。因此，乳猪不能依靠母乳获得足够的铁，体内储存的铁很快就会耗尽，如得不到及时补充，便可出现贫血症。仔猪缺铁性贫血一年四季都可发生，但在冬春季比其他季节发病更多。患贫血症的仔猪，血红蛋白降低，皮肤和黏膜苍白，被毛粗乱，食欲减退，轻度腹泻，精神萎靡，生长停滞，严重者死亡。同时抗病能力减弱，容易生病。在哺乳仔猪中，缺铁性贫血的发病率可达30%～50%，死亡率可达15%～20%。目前最成功的办法是采用补铁的方法来预防仔猪贫血。

首先，要加强母猪的饲养管理，多补富含蛋白质、维生素、矿物质的饲料，要特别补给铁、铜、锌等微量元素。其次要专门给仔猪补铁，可在猪圈内放置添加红土或干燥的深层泥土的食盘，让仔猪自由采食；也可注射铁制剂，如对育种仔猪可于3日龄时注射右旋糖酐铁或铁钴注射液，以预防缺铁性疾病的发生。其次，仔猪发生缺铁性贫血，可采用以下治疗方法。

① 口服补铁剂治疗。仔猪生后3日龄起补饲铁制剂，喂时将溶液装入奶瓶中让仔猪吸吮或滴服，也可滴在母猪乳头上令其吸食，每天1～2次。口服铁制剂主要有硫酸亚铁和铁铜合剂（2.5克硫酸亚铁加1克硫酸铜，再加1000毫升水配合而成，每头每天约需10毫升）。

② 也可用硫酸亚铁100克、硫酸铜20克，研细后拌入5千克细沙或红土，撒入猪圈让仔猪自由采食。

第二节　新生仔猪的护理

新生仔猪出生后，由于生理和环境上的巨大变化，适应能力很差，而且其生命处于娇嫩状态，抗病能力很差。因此，良好的护理工作对新生仔猪的生长发育显得非常重要，让每个仔猪都能吃到初乳，并且防止仔猪被压死、冻死或被母猪吃掉。新生仔猪的护理技术是通过各种手段减少操作应激及病原威胁，保证新生仔猪生产阶段的有效产出。在新生仔猪的护理方面，应特别注意下面几点。

一、保温防压

新生仔猪皮薄毛稀，皮下脂肪少，自身产热量少，体温调节能力较差，对寒冷环境适应力弱，对饥饿极度敏感，且行动较缓慢，因此保温防压非常重要。仔猪出生后的体温约为39℃，如它们处在13～20℃之间，体温在生后第1小时可降低1.7～7℃，尤其在生后20分钟内，由于羊水蒸发，降低更快，如体温降至临界温度35℃以下，就发生颤抖，不能吮奶，降至30℃以下，就会昏睡、冻死。仔猪较适应的环境温度：可将保温箱的温度根据仔猪对温度的要求进行调整，第1周温度为33～34℃，以后每周降低3～4℃，4周龄后保持21～23℃。新生仔猪非常容易遭受冷应激，特别是在寒冷的冬季及早春，应激抑制免疫系统使仔猪更容易被压死和感染疾病（尤其是下痢）。猪场应设法维持室内温度在22℃左右，可通过堵塞风洞、加铺垫草、覆盖塑料布、生火炉、设暖气、红外线灯泡取暖等，为新生仔猪提供保暖设备，可以使用电、天然气、暖气装置或保温垫箱。仔猪保温箱有木制、水泥制和玻璃钢制等多种，长约100厘米，高60厘米。箱的上盖有1/3～1/2为活动的，人可随时观察仔猪，在箱的一侧靠地面处留有高20厘米、宽20厘米的小门，供仔猪自由出入。仔猪保温箱内可使用红外线灯取暖，既能保证仔猪所需的温度，又不影响母猪。红外线灯多采用250瓦，悬挂的高度可以根据仔猪的需要而调节，照射时间可根据环境温度灵活掌握。此外，还可以在仔猪舍地面上直接放置电热板保温，电热板可以根据仔猪的需要调节温度或自动控温。仔猪在适宜温度条件下，体内能量储备消耗减少，活动能力和初乳摄入量提高。

防止畜舍潮湿是保温工作的另一个重点，潮湿的地面不仅使仔猪容易受寒，而且为细菌的滋生提供了场所，二者均会严重影响仔猪的生长。

在没有良好的防寒保温措施的产仔舍中，仔猪会挤在母猪身边取暖，母猪的每次起卧，都有可能压死周围的仔猪。新生仔猪被踩压致死的比例相当大，其原因有三：一是新生仔猪体质较弱，行动迟缓，对复杂的环境不适应，容易被母猪踩压致伤死亡；二是母猪产后疲劳，或因母猪肢蹄有疼痛，起卧不方便，或个别猪母性差，不会哺育仔猪，或仔猪因饥饿叼咬乳头，或围着母猪乱转等，均增加了被踩压的机会；三是产房环境不良、管理不善，如产房温度低，仔猪互相堆压或钻到母猪腹下取暖等，都会压伤或压死仔猪。为防止母猪压死仔猪，应保持产圈安静，地面平坦，温度适宜，垫草不宜过厚，还要在圈内装护仔架，防止母猪沿墙卧下时将背后的仔猪压死，且在产后1周内要有专人看护，有条件的可用产床分娩栏。

二、吃足初乳

新生仔猪体内无抗体，不具备先天免疫能力，必须通过吃初乳才能获得免疫能力。因此，要保证仔猪尽早吃足初乳，增强仔猪免疫力。初乳中含有丰富的蛋白质、维生素、免疫抗体（免疫球蛋白）和镁盐等，而且仔猪出生后24小时内，对免疫球蛋白的吸收非常有效。初乳对新生仔猪有特殊的生理作用。一是可增强适应能力。二是可以促进胎便排出。初乳中含有较多镁盐，具有清泻性，可促使胎便排出，不发生便秘。有的养猪户说："不吃初乳的仔猪，不容易成活"就是这个道理。三是有利于消化道活动。由于初乳的酸度高，可预防胃迟缓，促进消化道活动。四是初乳中维生素A的含量比常乳多10～100倍，维生素B_1、维生素B_2的含量也很高。五是通过初乳把抗体供给新生仔猪，使新生仔猪获得被动免疫。有个别仔猪生后不会吃奶，需进行人工辅助。若新生仔猪由于某些原因吃不到初乳，则很难成活，即使勉强活下来，往往会发育不良而形成僵猪。所以，初乳是新生仔猪不可缺少和取代的。因此，在仔猪出生后的2小时内，应使仔猪尽早吃到充足的初乳，过哺仔猪应先吃初乳，再由先期产仔的母猪代哺。

三、固定乳头

母猪乳房的构造和特性与其他家畜不同，每个乳头都由2～3个乳腺团组成，每个乳腺团有1条管通向乳头外端，没有乳池储存乳汁。因此，猪乳的分泌除分娩后2～3天是连续的外，以后是由于仔猪拱揉乳房而引起分泌放乳。母猪大概1小时给仔猪哺乳1次，每次哺乳真正放乳（俗称"下奶"）的时间只有20～30秒钟，如果仔猪吃奶位置不固定，到真正放奶时乱抢乳头，势必发生强夺弱食，个别仔猪在放乳前未衔上乳头，就不会吃到该次放乳的乳汁，只好等待下次放乳（一般间隔50分钟左右放乳1次），长期这样弱小仔猪会饿死或变成僵猪。为了避免这种现象，保证仔猪发育均匀，提高成活率，在仔猪生后2～3天内，应人工辅助给仔猪固定乳头。

实行固定乳头的措施，既能保证每头仔猪吃足初乳，又能提高全窝仔猪的均匀度，有利于断乳窝重的增加。在仔猪出生后前3天，实行人工辅助固定乳头的训练，乳头一旦固定下来以后，一般到断乳很少更换。每次哺乳时，仔猪就会各就各位、不再乱抢乳头，会安静地吃奶。这样，才有利于母猪泌乳，不伤乳头；才有利于仔猪发育均匀、多活快长。

母猪乳房互不相通，自成独立的功能单位，各乳房泌乳量和品质不同。一般前部的乳头泌乳量高，故仔猪因哺乳位置不同其增重也有差异。

固定乳头的原则如下。一是一头仔猪只能专吃一个乳头的原则，这样才能保证每头仔猪在放乳时，都有奶吃，才能吃足初乳。二是让全窝仔猪，通过固定乳头的办法，实现发育整齐的原则。其做法是在人工辅助固定乳头时，将体重大的强壮的仔猪固定在母猪后边奶少的乳头。因体重大的仔猪按摩乳房有力，能增加泌乳量；将体重小的较弱的仔猪固定在母猪前边奶多的乳头，这样能弥补先天不足。三是有效乳头都不空的原则。其做法是对初产母猪，必须提高其利用强度，只要膘情好，则所有的有效乳头都尽量不空（因为没有仔猪吃奶的乳房，其乳腺易萎缩），如果仔猪头数不够，可以从其他窝过入，或者训练一头仔猪吃附近两个乳头。

人工固定乳头，一般采取"抓两头顾中间"的办法比较省事。就是把一窝中最强的、最弱的和最爱抢乳头的控制住，强制其吃指定乳头，至于一般的仔猪则可让其自由选择乳头。在固定乳头时，最好先固定下边一排，然后再固定上边一排，这样既省事也容易固定好。此外，在乳头未固定前，让母猪朝一个方向躺卧，以利于仔猪识别自己吸吮的乳头。给仔猪固定乳头，是一项细致而又耐心的工作，要坚持不懈，连续2～3天，尤其是开始阶段一定要细心照顾，必要时可用各种颜色在仔猪身上打记号，便于辨认每头仔猪，以缩短固定乳头的时间。

四、补铁和补水

铁是红细胞必不可少的组成部分，仔猪初生时从母体带来的铁很少，只有30～50毫克，只能维持3～4天的生长需要，仔猪正常生长每头每天需要7～8毫克铁，而母乳中含铁量很低，每头仔猪每天从母乳中得到的铁不足1毫克，母乳不能提供足够的铁来补充仔猪的生长需要。缺铁会造成仔猪的贫血，仔猪贫血表现为苍白、无力、皮毛杂乱、食欲不振、生长停滞、疾病抵抗能力差，最后发展成僵猪，严重者可导致死亡。为了有效防止仔猪缺铁，应该在仔猪出生后进行铁剂注射。注射可分为2次进行，第1次在出生后的1～2天，第2次在10～14日龄。常用的是右旋糖配铁制剂，注射部位在颈部身后侧皮下。可以肌注铁铜制剂，3～5天补充硒制剂，肌注0.1%的亚硒酸钠，维生素E 0.5毫升，断乳前再补1次，以防止仔猪贫血、白肌病等。

母乳中的水不能完全满足仔猪生长的需要，从仔猪出生的第1天开始，就应该为仔猪提供大量清洁的饮水，防止出现下痢，并且在冬天应供给温水。仔猪的生长速度与饮水量有关，饮水量大的仔猪生长速度快。可在仔猪出生1周内在饮水中添加葡萄糖、多维电解质等，并诱导仔猪学习饮水。

五、寄养和并窝

有的母猪产仔头数超过有效奶头数时，可将其仔猪吃过初乳后过给产仔少的母猪代哺，这种情况称为寄养。通过控制窝产活仔数或寄养的方式将母猪带仔哺乳数调整为11～13头时，能够取得最好的断乳窝重和最佳的经济效益。但因考虑到仔猪的嗅觉非常灵敏，并且有认母本能，所以在仔猪寄养和并窝时应当注意以下原则。一是出生日期相近，即生母和养母的分娩日期要求相差在3天以内。二是体重大小相对一致，以免导致大欺小，发育不均匀，如果大小相差比较大时，应遵循寄大不寄小，寄强不寄弱，即挑选个体中大、精神状况好、竞争力强的仔猪寄养出去，将那些出生迟、弱小的仔猪留在原窝。三是最好是吃过母猪初乳，或吃过寄养母猪的初乳。寄养前仔猪至少要在亲生母猪身边吃上10次左右的初乳，否则仔猪的成活率很低。四是要尽早转移寄养仔猪，因3～4天后没有被吮吸的乳房，因得不到刺激乳腺将变干，仔猪寄入后将得不到奶水。五是要预先"混味"，可以在寄养仔猪的身上涂抹养母的尿和乳汁，防止母猪排斥，或并窝时将寄养仔猪与原窝仔猪放进同一箩筐内半个小时以上，并在两窝小猪身上涂抹同一气味的气体，再放出哺乳。六是可以选择在仔猪非常饥饿时寄养或并窝，利用饥不择食的心态加速寄养仔猪认母猪。

六、适时补料

母猪分娩后20天左右泌乳量达到高峰，20天以后泌乳量逐渐下降，而此时正是仔猪生长发育最快的时候，所以应让仔猪尽早学会吃东西。仔猪早期补料非常关键，它不但能补充奶水的不足，还能刺激胃酸提早分泌（胃中的盐酸，只有在饲料进入后才分泌），促进胃肠发育和消化能力，提高断乳体重。

训练新生仔猪提前吃料时，一般在仔猪出生后第5天开始，将专用乳猪教槽料或煮熟的黄豆、破碎玉米和甘薯干等混合（煮时加盐），先撒在母猪圈床干净的地面上，由母猪带领仔猪吃食，采取"以老带小，由里到外"的方法，仔猪开始时只是跟母猪学吃，将粒料含到嘴里咬咬，以后就咬碎咽下尝到粒料的滋味，便主动到补料间去找食吃；刚开始只在圈内补料，到仔猪主动吃食时就可以逐渐引出到圈外或补料间补料。此外，也可以将带有香味的诱食饲料拌湿涂在母猪的乳头上，或在仔猪吃奶前，直接涂在仔猪嘴巴里，让仔猪逐渐熟悉并且习惯饲料的气味。采用优质乳猪饲料或者自备诱饲料（玉米/黄豆：8/2炒熟磨粉）开食诱饲，能有效提高仔猪存活率。到仔猪能吃料时，每天训练喂食4～6次。

第三节　新生仔猪的常规处理

养猪生产过程中，新生仔猪生产环节主要的任务是保证仔猪成活率、生长发育整齐度，增强机体抵抗力，为猪只打下良好的生长发育基础，从而使养猪场获得良好的经济效益。在实际生产中，经常会遇到一些新生仔猪的异常情况，若处理不当，将直接影响到仔猪的成活率以及生长发育，无形中造成不应有的经济损失。新生仔猪常规情况处理主要表现在以下几个方面。

一、假死仔猪的急救

参见第一章第四节"三、假死仔猪急救"。

二、仔猪数过多或过少

仔猪数过多是指仔猪数超过母猪有效乳头数，造成仔猪不能同时哺乳。母猪乳头数一般在6对以上。有些高产母猪部分胎次的产仔数高达16头以上，仔猪数超过有效乳头数30%以上，仔猪不能正常哺乳。若同时母猪奶水不足，更容易引起仔猪的成活率降低或生长发育受阻。若出现这种情况时，应采取寄养、分批哺乳或人工哺乳的方法。

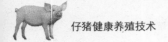
仔猪数过少是指仔猪数不足有效乳头数的一半，甚至只有1～2头仔猪，多发生于初产母猪，这种情况必须采取科学的安排，否则会影响母猪一生的生产成绩。仔猪数过少可以采取并窝或人工哺乳等方法。

①寄养。寄养是指1头母猪产出的仔猪由另外1头母猪哺养的方法。遇到产仔数过多情况可采取寄养的办法，选择产期相邻的产仔数偏少、奶水情况好的母猪来哺乳过多的仔猪。选择寄养母猪的产期一般在相邻3天以内，寄养时在小猪身上涂上来苏儿、碘酒或用母猪胎衣在小猪身上反复涂抹，使母猪分辨不出是外来的小猪，易于接纳。

②分批哺乳。仔猪数过多并且又没有合适的母猪寄养时，应采取分批哺乳的办法，将仔猪涂上颜色或是按大小区分或是按公母分成两批，一批吃过后另一批吃，保证所有仔猪都能正常哺乳。

③并窝。并窝是指当单窝仔猪数过少时，可以将2～3窝较少的仔猪合并起来，由泌乳性较好的1头母猪进行哺乳。其他停止哺乳的母猪可以提前发情配种，进入下一个繁殖周期，这样可以节约生产成本，提高猪群生产成绩。并窝时也要在仔猪身上涂抹有气味的消毒药液，干扰母猪以及仔猪的嗅觉。

④人工哺乳。仔猪数过多或过少，母猪奶水差或无乳，同时又没有寄养或并窝的母猪时，可停止哺乳，采取人工哺乳方法。人工乳可用饲料厂家生产的优质代乳品，也可以简易自制，如用鲜牛奶1000毫升、鸡蛋1枚、白糖2勺、硫酸亚铁0.5克，搅拌均匀，每天喂4～6次，每次10毫升左右。喂养时注意人工乳温度应保持在38℃左右，防止过冷刺激引起仔猪下痢，同时可以加入一些抗生素药物。人工哺乳时要注意清洁卫生，用清洁的婴儿奶瓶饲喂或用吸管灌服，也可用小食槽。

三、仔猪初生体重偏小

按目前生产水平，新生仔猪体重在1.3千克以上基本达到生产标准，能够保证仔猪成活率、断乳体重、育成率和后期育肥成绩。若初生体重均低于1.3 千克，甚至在1千克以下，就很难保证较好的生产成绩。仔猪初生重在1.3千克以上者，其育成率在90%左右；而体重在1.2千克左右的仔猪，其育成率在80%左右（表2-1）。仔猪初生体重越低，断乳育成率越低。仔猪初生体重在1千克以下时，断乳育成率仅有70%左右。可见，初生体重偏小将严重影响仔猪的成活率。

表2-1　仔猪初生重与育成率的关系

每窝仔猪头数	平均初生重/千克	平均断乳育成头数/头	平均育成率/%
5	1.33	4.60	92.00
7	1.30	6.10	87.10
9	1.28	7.30	81.10
11	1.26	9.50	86.40
13	1.22	10.40	80.00
15	1.18	12.10	80.70

仔猪初生体重的大小与其品种类型、选育配种和妊娠母猪的饲养等都有直接的关系。如果在不改变品种的情况下，主要是要加强妊娠母猪的饲养管理，尤其是妊娠后期（母猪产前20～30天）的饲养，因为仔猪初生重的60%是在妊娠后期生长的。母猪妊娠后期胎儿生长发育快，必须供给营养较全的饲料，特别是供给蛋白质、矿物质、维生素含量较高的饲料。同时，也要加强分娩后母猪的饲养，提高母猪泌乳力和乳的质量，保证仔猪的生长需要。配制高质量的哺乳饲料，供给母猪足量清洁的饮水，保证母猪旺盛食欲，创造安静环境，做好乳房的按摩与护理，

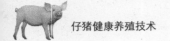

加强无乳综合征的预防与治疗。总之，要使仔猪能够获得足够的营养。

此外，新生仔猪机体内能量储备不多，能量代谢的激素调节功能不全，对环境温度极为敏感。仔猪初生温度一般要求在32～35℃。新生仔猪体重偏小，单位体重的体表面积相对较大，抗寒能力更弱，所以应适当提高仔猪的环境温度1～2℃。例如可在温箱中铺一个小棉被，用电加热可适当增大功率。

四、仔猪的补饲

新生仔猪生长发育极为迅速，一般仔猪出生后体重约为1千克，10日龄达出生时的2倍以上，30日龄达5～6倍，60日龄增长10～13倍。但要达到上述生长水平，光靠母乳供给营养显然是不够的，必须对仔猪进行及时补饲。仔猪出生1日龄就要补充维生素，3日龄要补充微量元素（铁、铜、硒），3～5日龄要补水，5～7日龄开始补料。

1.初生仔猪补充维生素

初生仔猪由于母乳中缺乏维生素，如不及时补充容易患维生素缺乏症。例如，初生仔猪缺乏维生素A，早期易偏头，脊背凸起，但食欲正常，还会出现消化不良、腹泻、下痢、皮肤表面干燥、眼睛看不见东西、神经机能紊乱、四肢行走困难、继发肝炎等，严重时可引起死亡；维生素 D_3 缺乏，会引起钙磷功能紊乱、骨骼钙化停止，影响其他矿物质的吸收和排放，生长缓慢；维生素 E 缺乏，仔猪会肌源性运动失调，易发白肌病，肌肉无力，贫血，心衰麻痹，有时突然死亡；维生素 K 缺乏，会引起内外出血、生长迟缓；各族维生素B 缺乏，会导致生长缓慢、发育停滞。

维生素在维持健康、抗应激、提高免疫力等方面有着巨大的、不可替代的作用。如果猪从小就给予足够的维生素，一方面能改善仔猪生长性能，加快生长速度，提高仔猪免疫力，让仔猪少得病，减轻对各种药物的依赖；另一方面可改善猪的毛色、品质。脂溶性的维生素A、维生素D、维生素E、维生素K不溶于水，因此，若直接补充固体状的水溶多维或电解多维，就难保证仔猪吸收到足够的维生素，起不到预防维生素缺乏症的效果。理想方案是以水化包被的液体多维方式补充，微粒小，能极大地补给机体营养需要，吸收利用度高达99%。

2.补充微量元素（铁、铜、硒）

（1）铁的补充 参见本章第二节"四、补铁和补水"。

（2）铜的补充 铜缺乏会减少仔猪对铁的吸收和血红素的形成，同时发生贫血，但仔猪对铜的需求量少，一般不易缺乏，有必要时，可口服铁铜合剂法补充。

（3）硒的补充 硒是仔猪生长不可缺少的一种微量元素。硒是谷胱甘肽过氧化物酶的重要组成成分，能防止脂类过氧化，保护细胞膜。硒和维生素E有协同抗氧化作用，硒与维生素E的吸收和利用有关。仔猪缺硒时会突然发病，表现为食欲降低、精神不振、关节肿大、瘫痪，严重者突然死亡，伴有白肌病、心肌坏死等。

仔猪对硒的需求量随体重的增加而增加，仔猪每头每天对硒的需求量：体重1～5千克为0.03毫克，5～10千克为0.08毫克，10～20千克为0.23毫克。仔猪缺硒多发于缺硒地区，或因饲喂了缺硒地区产的饲料而导致的缺硒。补硒的方法：仔猪生后3～5日龄肌注0.1%的亚硒酸钠溶液0.5毫升，60日龄再注射0.1%的亚硒酸钠液1毫升，即可保证仔猪的需要。

3.补水

水是血液和体液的主要成分，它是消化、吸收、运输营养

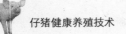

和带走废物的溶剂。仔猪生长迅速，代谢旺盛，需水量多，加之母乳脂肪含量高，仔猪常感口渴，如不及时补水，会影响仔猪的生长和健康，并易引起仔猪喝污水甚至尿液而引起下痢。一般3日龄开始补给清洁的饮水，可在补料间设置水槽，保证清洁饮水供应，水槽要经常刷洗，水要勤更换，冬季可供给温热水，千万不能喂油腻的水。

4.补料

仔猪吃料叫开食。仔猪2周龄后母乳即不能满足仔猪生长发育对营养的需求，解决的办法就是补给仔猪高营养的饲料，同时，提早补饲可以锻炼仔猪的消化器官及功能。因此，一般在5～7日龄训练仔猪吃料。

五、仔猪常见疾病

1.仔猪黄痢病

仔猪黄痢病又称早发大肠杆菌病，是由肠毒素大肠杆菌感染引起的，是初生仔猪常发的急性、致死性传染病；多在仔猪出生后几小时到3天以内发病，发病率高，死亡率也高，是危害哺乳仔猪的重要传染病之一。仔猪黄痢病多发生于封闭式集中饲养猪场中出生后1周龄以内的新生仔猪，其中1～3日龄发病率和病死率最高，一旦发病，常是一窝一窝的出现。其病原菌为不同血清型大肠杆菌，经消化道感染而发病。其他诱因主要是由于平时饲养管理不当，猪舍卫生条件差，天气骤变，猪舍阴冷潮湿，饲养人员缺乏防疫意识等。仔猪黄痢病的潜伏期短的为12小时，长者可达1～3天。临床上主要表现为拉稀，呈黄色或黄白色的稀浆糊样，有特殊的腥臭味，仔猪迅速脱水死亡，有些仔猪呈急性败血症死亡。

由于仔猪黄痢病潜伏期短，发病率、致死率均高。主要以

"预防为主、养防结合、防重于治"的原则来指导生产。预防仔猪黄痢病可以使用大肠杆菌工程基因疫苗，如用K88、K99双价基因工程菌苗和大肠杆菌K88、K99、987P三价灭活菌苗。均于产前15～30天对母猪进行免疫，母猪免疫后，其血清和初乳中有较高水平的抗大肠杆菌的抗体，能使仔猪获得很高的被动免疫的保护率。此外，防治仔猪黄痢病最主要的措施就是加强饲养管理。做好猪舍的环境卫生和消毒工作：注意通风换气和保暖工作；临产进产房前1天，对产房进行彻底清扫、冲洗、消毒；母猪临产前要做好猪体、乳房、阴户的常规消毒（用0.1%高锰酸钾水溶液），擦洗干净后，逐个乳头挤掉几滴奶水后再给新生仔猪哺乳。加强管理：平时母猪喂食要做好分段饲养，做好对母猪的接种免疫工作，提高保护率；做好初生仔猪"开奶"前的用药工作，即仔猪出生后，未吃初乳之前，全窝仔猪逐个用抗生素（庆大霉素、链霉素等）口服，每头1次，连服3天，防止病从口入；特别注意接产卫生，产房应保存清洁干燥，不蓄积污水、粪便，注意通风换气、防寒、保暖工作。仔猪发病时可以用卡那霉素、庆大霉素、磺胺类药物及喹诺酮类药物进行防治。在临床治疗时，最好先做药敏试验，筛选敏感药物。

2.新生仔猪溶血病

新生仔猪溶血病是由新生仔猪吃初乳而引起红细胞溶解的一种急性、溶血性疾病。仔猪以贫血、黄疸和血红蛋白尿为特征，致死率可达100%，多发生在个别窝仔猪中。发病原因是仔猪父母血型不合，仔猪继承的是父畜的红细胞抗原，这种抗原在妊娠期间进入母体血液循环，母猪便产生了抗仔猪红细胞的特异性同种血型抗体。这种抗体分子不能通过胎盘，但可分泌于初乳中，仔猪吸吮了含有高浓度抗体的初乳，抗体经胃肠吸收后与红细胞表面特异性抗原结合，激活补体，引起急性血管内溶血。

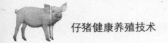

仔猪出生后全部情况良好，一切正常，数小时至十几小时发病。发病有以下3种类型。

① 最急性型。仔猪吸吮初乳后12小时内突然发病，停止吃奶，精神委顿，畏寒，震颤，急性贫血，很快陷入休克而死亡。

② 急性型。仔猪吸吮初乳后24小时内出现黄疸，肠结膜、口黏膜和皮肤黄染，48小时有明显的全身症状，多数在出生后5天内死亡。

③ 亚临床型。仔猪吸吮初乳后，临床症状不明显，有贫血表现，血液稀薄，不宜凝固，不表现血红蛋白尿，血检才能发现溶血。目前在治疗上尚无良药。仔猪发病后，立即让全窝仔猪停止吸吮原母猪的奶，由其他母猪代替哺乳或将其进行人工哺乳，可使病情减轻，并逐渐痊愈。重病仔猪，可选用地塞米松、氢化可的松等配合葡萄糖治疗，以抑制免疫反应和抗休克。为防止继发感染，可选用抗生素；为增强造血功能，可选用复合维生素B、铁制剂等治疗。一般经3天后症状逐渐减轻，15天后黄疸症状全部消失。对发生仔猪溶血病的母猪，下次配种时，改换其他公猪，可防止再次发病。

3.新生仔猪猪瘟超前免疫

超前免疫就是在仔猪刚出生未吃初乳前进行猪瘟疫苗接种（又称乳前免疫、零时免疫），一般多在养猪时间较长或是经常发生猪瘟疫情的猪场采用。新生仔猪猪瘟超前免疫，也就是当仔猪出生处理好脐带和擦干身上黏液后，立即用猪瘟兔化弱毒冻干疫苗或细胞培养冻干疫苗免疫接种1次，免疫接种0.5 ～ 1小时后再让仔猪吃初乳。超前免疫的保护期至少为1年。为了安全可靠，可在仔猪60日龄前后再进行二免。此方法操作非常方便，可与接产同时进行，效果一般优于常规免疫。

绝大多数母猪的母体抗体不能通过胎盘进入胎儿体内，仔猪只有通过吮吸初乳后才可以获得母源抗体，并于6～12小时母源抗体水平达到高峰，其抗体效价仅略低于母体体内的效价。随着仔猪日龄的增加，母源抗体随之下降，直至降到母源抗体无法抵抗猪瘟病毒的侵袭。母猪体内抗体水平的高低、仔猪吃进母乳的数量和仔猪本身的健康状况等因素都决定了母源抗体对仔猪的保护能力的强弱。超前免疫可以使仔猪在不受母源抗体干扰的情况下，获得较高而且整齐的抗体水平，不仅在一定期限内可以对猪瘟感染产生抵抗力，而且有利于以后加强免疫时间的确定，避免出现免疫空白期。

乳前免疫接种操作：在母猪分娩时，每生出1头仔猪，按接产操作程序护理好仔猪，在仔猪吃母乳前立即接种猪瘟疫苗，并同时对仔猪标号、记录注射时间，然后将仔猪放入32℃左右的保温箱内。后面出生的仔猪同样按照这方法处理。在接种疫苗1小时后，再按疫苗接种时间的先后顺序将仔猪从保温箱中依次取出，放到母猪身边，让仔猪尽快吃到初乳。

4.死胎

死胎在实际生产中是不可避免的，造成死胎的原因很多，可划分为病菌和非病菌引起两大类。产出的死胎多属病菌引起，处置不当会造成疾病的流行传播。对于死胎不能随意丢弃，防止被鼠、蚊、蝇、鸟、猫、狗吞食而成为传染源，应采取深埋、焚烧等无害化处理，消灭病原，净化环境。

第四节　如何提高新生仔猪的存活率

寒冷时节新生仔猪的非传染性死亡率明显提高，仔猪断乳前的死亡率达30%，而其中一半是在出生后头2～3天死亡的。究其直接原因是母乳不足，环境温度低，仔猪出生时过分弱小；而其根本原因还是取决于它本身的生理特征。新生仔猪与其他种新生动物不同，白色脂肪组织不发达，三酰甘油明显不足，而胎儿期白色脂肪组织内积聚的三酰甘油乃是仔猪出生后主要的能量来源。另外新生仔猪还缺少能完成体温调节功能的褐色脂肪组织。新生仔猪能量主要靠胎儿组织中的糖原供应。由于糖原的能量值大大低于三酰甘油，所以新生仔猪对饥饿和环境温度低极为敏感，常表现为四肢无力，行动不灵活，被母猪压死或冻死、饿死。总之，仔猪出生后头几天生命力低的主要原因，是机体内能量储备不足及能量代谢的激素调节功能不全。因此，采取积极的防护措施，提高新生仔猪的成活率，是提高养猪经济效益的重要措施之一。

一、合理安排配种，淘汰劣质种猪

猪场在安排配种时主要应该考虑品种、血缘关系、预产期季节气候、初配日龄、月配种头数与产房间数等因素。本品种选配（种猪生产）重点考虑亲本个体品质，同时避免近交交配；经济杂交主要考虑预产期季节气候和当月配种头数，以便于安排充足的产房和做好气候变化的相应准备。

母猪产6～7胎后泌乳量和繁殖力都有下降趋势，下降明显的母猪应及时淘汰或改善其营养，多喂维生素E丰富的饲料，如青饲料、植物油等，无改善者应淘汰。对一产全窝仔猪数低于5头的母猪，同期配种母猪产仔数少、活仔猪群体质量差（仔猪初生重小、不易存活）的公猪，进行检查。如过肥或过瘦，产道炎症、公猪精液品质差等，都应采取相应措施，无改善者应淘汰。

二、种猪群饲养管理（妊娠期、分娩）

1.种猪的科学饲养

种猪饲养上要做到精、粗、青饲料合理搭配，营养全面，尽可能使用全价日粮饲喂，保持良好体况，防止种猪过肥或过瘦。妊娠母猪饲养的好坏，直接影响新生仔猪的成活率。妊娠初期（21天）为胚胎附植期，应以低能量、低蛋白日粮为主，日喂量2千克左右；妊娠中期（22～90天）为胎儿器官形成期，应供给母猪略高于维持需要的中等营养水平日粮，日喂量2千克左右；妊娠后期（90～114天）为胎儿快速生长期，应供给高营养水平日粮，日喂量3～3.25千克。产前1周应适当减少日喂量，以防母猪胃肠内容物过多而压迫子宫引起早产、死胎等现象。

在妊娠前期就要重点抓好母猪的饲料质量管理，特别是要满足母猪对可消化氨基酸、维生素、微量元素的需求。饲料中赖氨酸、蛋氨酸、色氨酸、苏氨酸等必需氨基酸要满足供应；同时，精氨酸、组氨酸等妊娠母猪的条件性必需氨基酸也不可缺乏，其能改善母猪的繁殖效率，促进胎儿的生长发育。维生素A、维生素E、维生素B_2、维生素B_6、维生素B_{11}、生物素和微量元素锌、锰、硒、碘都能维持妊娠母猪正常的繁殖功能，保障胎儿的生长发育，如果饲料中长期缺乏就会造成妊娠母猪的繁殖功能紊乱，出现死胎、弱仔或流产。因为猪对维生素D的吸收率只有20%～30%，所以母猪对于维生素D的需要量很高，饲料中缺乏维生素D同样会引起繁殖力下降，导致流产。

在妊娠后期特别要注意保持母猪良好体况，对过肥的母猪要适当减少（20%～30%）能量饲料的供给；对于偏瘦的母猪，要适当增加能量饲料、蛋白质饲料的供给量，以加至日粮能量、蛋白质的110%～120%为宜，同时增加动物油脂供给（不超过日粮的5%）以满足对不饱和脂肪酸的需求。

众所周知，脂肪本身含有较高能量，比碳水化合物和蛋白质高1倍，母猪在妊娠最后2周加喂脂肪，通过母猪血液循环进入胎儿的脂肪酸量增加，胎儿组织中的糖原和三酰甘油合成增加，乳中脂肪和蛋白质含量提高。在母猪妊娠最后2周加喂脂肪，新生仔猪出生重增加10%～12%（约100克左右）。添加脂肪后，仔猪成活率提高3%～10%，相当于每头母猪在一个哺乳期多产仔1.5～2头。而用淀粉高的日粮饲喂的妊娠母猪，对仔猪增重和存活无明显作用。此外，仔猪的存活率和出生重呈密切的正相关，例如出生体重1.8千克以上，出生头几天的死亡率不足5%；1.2千克以上为9%；0.8～1千克为26.8%；不足0.8千克为56.5%。这说明初生仔猪活重大，组织中能量（脂肪、糖原）储备也大，这有利于出生后适应新的环境条件，提高成活率。

另外，猪舍温度、湿度要适宜，注意防寒防暑、通风换气，保证猪舍内部空气清新；地面要保持平坦、干燥、清洁，保证冬暖夏凉；避免挤压、打骂、惊吓母猪，防止机械性流产。妊娠中后期（产前1周除外）要让母猪合理运动，以增强体质和保障胎儿的生长发育，防止母猪生产时发生难产。

2. 母猪的分娩管理

提前搞好分娩圈舍的环境卫生、消毒、墙壁门窗破损修补等系列准备工作。预产期前1周，用40℃的肥皂水对妊娠母猪进行洗刷全身，清除脏物，再用新洁尔灭或强力灭毒消毒全身，之后将待产母猪转入产房。注意：驱赶母猪时，要尽量避免母猪剧烈跑动、应激等，并经常保持圈舍清洁干燥，温湿度良好（舍内温度18～24℃，相对湿度为60%左右）。妊娠母猪分娩前用高锰酸钾清洗乳房和外阴部。

妊娠母猪进入产房后，饲养员要密切注意待产母猪的表现，经常检查母猪的分娩征兆。观察母猪是否开始闹床、能否挤出乳汁、羊水破否以及呼吸是否急促。一旦这些征兆发生则证明母猪很快就要分娩，饲养员要及时准确地做好接产和助产等工作。仔猪出生后要及时清除口鼻黏液，保证仔猪呼吸道畅通。用消毒过的棉线在距离脐带3～4厘米处结扎脐带，脐带一定要扎紧，防止仔猪失血过多而死。之后在远端距绳结1厘米左右的地方扯断脐带，断脐后用碘伏消毒。断脐后将仔猪放入保温箱内。

如果母猪在生产的过程中出现产力不足的现象，则要进行人工助产。实践表明，母猪产力不足的现象普遍存在，产道检查是比较实用的人工助产方法。具体方法及注意事项：助产前修剪、打磨指甲，清洗、消毒手臂及母猪外阴，在手臂上涂抹石蜡油，将五指尖聚拢使手指呈三角锥状，沿阴道口探入产道检查，若有仔猪在产道中则将仔猪从产道拉出。注意助产动作要轻柔，拉出仔猪时要顺应母猪努责，正生时要抓紧仔猪眼角或将手指探至头后，倒生时一定要同时抓紧两后肢，产道检查不宜过于频繁。同时，也可以注射催产素助产，但一次注射剂量不能超过50单位，切忌超量。若子宫颈口未开张、骨盆狭窄、产道狭窄的母猪禁用，胎儿过大时也禁用。

如果仔猪滞留产道时间过长，或处于假死状态，应立即进行急救。急救的方法详见第二章第三节新生仔猪的常规处理。产仔结束后，饲养人员要认真观察母猪情况，及时让母猪亲近仔猪并哺乳，以加速胎衣排出。胎衣排完后，要及时进行清理，防止母猪吃食胎衣。

第三章　哺乳仔猪的饲养管理

第一节　哺乳仔猪的生理特点

哺乳仔猪是指从出生到断乳阶段的仔猪。哺乳仔猪饲养期一般是30～60天，超早期断乳的饲养期为21天。哺乳仔猪的生理特点是初生时体重小，不到成年体重的1%，但出生后生长发育迅速、代谢旺盛、对营养物质最敏感。仔猪培育是养猪生产的基础环节，仔猪的好坏直接关系到生猪的生产成本、生产发展水平和养猪的经济效益。因此，要按照哺乳仔猪的生理特点来进行科学的饲养管理。

一、生长发育快，物质代谢旺盛

1. 生长发育快

和其他家畜比较（表3-1），由于猪的胚胎生长期短，同胎仔数多，使得出生时发育不充分。头的比例大，四肢不健壮，出生时体重相对最小，还不到成年时体重的1%（羊为3.6%、牛为6%、马为9%～10%），各器官系统发育不完善，对外界环境的抵抗力差。但仔猪出生后，为了弥补胚胎期内生长不足，在出生后的前2个月生长发育特别快。一般仔猪出生重在1千克左右，10日龄时，体重达到出生重的2倍以上，20日龄为出生重的4.5倍，30日龄达出生重5～6倍，60日龄增长10～13倍或更多，体重达15千克以上。如按日龄的生长速度计算，第1个月比出生重增长5～6倍，第2个月比第1个月增长2～3倍，以第1个月增长最快，以后随着年龄增长，生长强度减弱。

表3-1 各种家畜生长强度比较

畜别	初生重/千克	成年重/千克	妊娠期/月	体重增加倍数		生长期/月
				哺乳期	生长期	
猪	1	200	3.8	21.25	7.64	36
牛	35	500	9.5	26.06	3.84	48～50
羊	3	60	5.0	22.52	4.32	24～56
马	50	500	11.34	26.30	3.44	60

2.物质代谢旺盛

仔猪生长发育快，是因为物质代谢相当旺盛，特别是蛋白质代谢和钙、磷代谢要比成年猪高得多。一般出生后20日龄的仔猪，每千克体重要沉积蛋白质9～14克，相当于成年猪的30～35倍；每千克体重所需代谢净能是302千焦，为成年母猪101千焦的3倍；每千克增重中含钙7～9克，磷4～5克。由此可见，仔猪对营养物质的需要，不论在数量上还是在质量上相对都高，对营养不全的反应敏感。因此，供给仔猪以全价的平衡日粮尤为重要。猪体内水分、蛋白质和矿物质的含量是随年龄的增长而降低，而沉积脂肪的能力则随年龄的增长而提高。形成蛋白质所需要的能量比形成脂肪所需要的能量约少40%（形成1千克蛋白质只需要23.63兆焦，而形成1千克脂肪则需要39.33兆焦）。所以，仔猪要比大猪长得快，能更经济有效地利用饲料，这是其他家畜不可比拟的。

二、消化器官不发达，消化腺机能不完善

1.消化器官不发达

猪的消化器官在胚胎期虽已形成，但出生后其相对重量和容量较小。仔猪出生时胃重仅5～8克，约为体重的0.5%，胃容积为25～50毫升，之后随着日龄增长而增大；21日龄时胃重可达35克左右，容积也增大3～4倍；2月龄时胃重150克，容积1.5～1.8升，胃的容积增大60～70倍。小肠在哺乳期内发育较快，长度约增加4倍，容积增大50～60倍；大肠长度增加4～5倍，容积增大40～50倍。成年猪胃重为860克，容积11～14升。由于仔猪胃肠容积小，食物的排空（胃内食物通过幽门进入十二指肠）速度快，15日龄时1.5小时，30日龄时3～5小时，60日龄时16～19小时，而成年猪为24小时以上。

以上这些数字说明，尽管哺乳仔猪胃肠道生长发育快，但比起成年猪来说还是不发达的，且排空速度快。根据这些特点，对哺乳仔猪的饲养，应采取"少喂勤添"的方法，即每天饲喂的顿数应多些，而每顿的喂量应少些，以适应其"易饱易饿"的特点。

2.消化腺机能不完善

哺乳仔猪20日龄前胃内无盐酸，20日龄后浓度也很低，仅含0.05%～0.15%，3月龄时才接近成年猪的浓度，含0.3%～0.4%。因此，其抑菌与杀菌能力弱，管理上应注意饲料、饮水与圈舍卫生。仔猪出生时胃内仅有凝乳酶，胃蛋白酶很少（胃液中有胃蛋白酶原，但因无盐酸而不能活化胃蛋白酶），因此在胃中不能消化蛋白质，特别是植物性蛋白质。然而，此时胃内有凝乳酶，能使乳汁凝固，只有凝固后的乳汁才能在小肠内消化，天然乳汁在小肠内不能被消化。直到40日龄，胃内才有盐酸，才具备消化蛋白质的能力。此时，只有肠腺和胰腺发育比较完全，20日龄前的哺乳仔猪，主要靠小肠的肠液与胰液来消化营养物质，如胰蛋白酶、胰凝乳酶、胰脂肪酶与胰淀粉酶、肠淀粉酶、乳糖酶以及氨肽酶等。仔猪消化酶系的发育见图3-1。因此，刚出生的仔猪只能吃奶而不能吃植物饲料，母乳在小肠内乳蛋白的吸收率可达92%～95%，脂肪的吸收率可达80%。

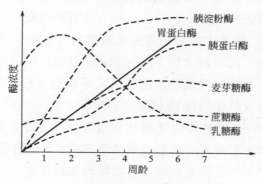

图3-1 仔猪消化酶系的发育

在胃液分泌上，成年猪消化液分泌是在条件反射的影响下产生的，即在看、听、闻的刺激下分泌消化液。而仔猪胃和神经系统之间的联系还没有完全建立，缺乏条件反射性的胃液分泌，只有当食物进入胃内直接刺激胃壁后，才分泌少量胃液。成年猪由于条件反射作用，即使胃内没有食物，到时候同样能分泌大量胃液。随着仔猪日龄的增长和食物对胃壁的刺激，盐酸的分泌不断增加，到35～40日龄，胃蛋白酶才表现出消化能力，仔猪才可利用多种饲料，直到2.5～3月龄盐酸浓度才接近成年猪的水平。因此，早补料、勤补料、补好料，对促进仔猪胃液分泌、提高仔猪消化机能与生长发育非常有利。

三、缺乏先天免疫力，容易得病

仔猪出生后24小时内，肠道上皮细胞处于原始状态，具有很高的通透性，可以完整地吸收初乳中的免疫球蛋白，从而获得被动免疫。而在常乳中球蛋白的含量仅占0.5%，不能补充母源抗体。36～72小时后，肠壁的吸收能力随肠道的发育而迅速下降，随着仔猪肠道的发育，上皮的渗透性发生改变，对大分子球蛋白（抗体）的吸收能力也随着改变。在出生后的0～3小时，肠道上皮对抗体的吸收能力为100%，3～9小时为50%，9～12小时立即下降为5%～10%。仔猪由初乳中获取的抗体，在体内降低的速度很快，半衰期最长的只要2周龄左右，而自身抗体约在10日龄以后产生，30～35日龄前数量很少，到35～42日龄时才能达到成年猪的水平。因此，3周龄是抗体水平青黄不接时期，最易患下痢。此时仔猪已开始吃食，胃液中又缺乏游离盐酸，对随饲料和饮水进入胃内的病原微生物没有抑制作用，因此极易得各种肠道疾病。

四、调节体温的机能发育不健全

仔猪出生前后因环境发生了很大的变化（从母体到体外环境中），环境温度差别也很大。而仔猪出生时，大脑皮层发育不够健全，调节体温适应环境的应激能力差，特别是生后第1天，在冷的环境中不易维持正常体温，易被冻僵、冻死。故有"小猪怕冷"之说。

仔猪的正常体温约为39℃，出生时所需要的环境温度要控制在30～32℃。如仔猪处在13～24℃的环境中，生后1小时体温可降低1.7～7℃，尤其在生后20分钟内，由于羊水的蒸发，体温降低更快，1小时后才开始回升。吃上初乳的健壮仔猪，在

18～24℃的环境下，约2天后可恢复到常温，在0℃左右的环境条件下，经10天尚难达到常温，初生仔猪如裸露在1℃环境中2小时，可冻昏、冻僵，甚至冻死。

初生仔猪对体温的调节主要靠皮毛、肌肉颤抖、竖毛运动和挤堆共暖等物理作用。但仔猪的被毛稀疏，体表面积相对较大，即增加了体热的散失。若身上有羊水，则散热更快。仔猪身上的10毫升羊水，若依赖体温使其完全蒸发，则需耗能20.94兆焦以上，这对于初生仔猪的血糖是极大的消耗。此外，初生仔猪皮下脂肪薄，脂肪含量达不到体重的1%，起不到保温的作用。因此，初生仔猪的保温、隔热能力非常差。

初生仔猪的临界温度是35℃，当环境温度低于临界温度下限时，体温靠物理调节已不能维持正常，体内就要靠化学调节增进脂肪的氧化、甲状腺及肾上腺分泌，进而提高物质代谢，增进脂肪、糖原氧化，增加热量的生理应激过程。如化学调节也不能维持常温时，才出现体温下降甚至冻僵。仔猪由于大脑皮层调节体温的机制发育不全，不能协调进行化学调节，因此，是在寒冷的直接刺激下降温的。同时，初生仔猪体内的能源储备也是很有限的，每100毫升血液中，血糖的含量是100毫克，如吃不到初乳，2天可降至10毫克或更少，即可发生血糖症而出现昏迷。即使吃到初乳，得到脂肪和糖的补充，血糖含量可以上升，但这时脂肪还不能作为能源被直接利用，要到24小时以后氧化脂肪的能力才开始加强，到第6天时，化学的调节能力仍然很差，从第9天起才得到改善，20日龄接近完善。因此，仔猪化学调节体温机能的发育可以分为3个时期。贫乏调节期：出生后至第6天。渐近发育期：出生后第7～20天。充分发育期：20日龄以后。所以对初生仔猪保温是养好仔猪的特殊护理要求。一般仔猪的适宜温度是1日龄为35℃，7日龄内为30～35℃，7～14

日龄为28～30℃，14～21日龄为26～28℃，21～28日龄为24～26℃，28～35日龄为22～24℃。

第二节　哺乳仔猪的营养需要

一、乳猪营养需要特点

仔猪出生重约为1.4千克（品种不同，略有差异），出生后生长发育快，是生长强度最大时期，饲料报酬高，若此阶段生长发育受阻则易形成僵猪。由于生长发育较快，需要的营养物质多，尤其是蛋白质、钙、磷、铁代谢等比成年猪高得多，对营养不全的饲料反应敏感。断乳后第1周的长势，将对其一生的生长性能有着重要的影响。因此，对仔猪断乳后第1周除加强饲养管理外，另一个重要的方面是提高断乳仔猪料的质量。下面是乳猪的营养需要特点。

1.能量需要

乳猪饲养的最终目的是获得最大的断乳重和提高群体整齐度。断乳体重较大的仔猪可顺利过渡到断乳饲粮，并减少营养性腹泻的发生率；哺乳期生长较快的仔猪在生长育肥期的生长速度亦较快。断乳后第1周增重约900克的仔猪比没有增重的仔猪提前15天出栏；21日龄断乳后第1周增重超过225克/天的仔猪，达到109千克体重的时间可提前10天。

哺乳仔猪蛋白质沉积与能量摄入量呈正相关，因此要想获得最大的蛋白质沉积率，就需要为哺乳仔猪提供最大的能量摄入。考虑尽可能满足弱仔猪的营养需要，乳猪料的能量设计不可太高，以提高弱仔猪的采食量。我国规定的哺乳仔猪每日每头营养需要量见表3-2；每千克仔猪饲料的营养含量见表3-3。

表3-2　哺乳仔猪每头每日营养需要量

项　目	体重阶段/千克		
	3～5	5～10	10～20
预期日增重/克	160	280	420
采食风干料量/千克	0.20	0.46	0.91
消化能/兆焦	3.35	7.03	12.59
粗蛋白质/克	54	100	175
赖氨酸/克	2.80	4.60	7.10
蛋氨酸+胱氨酸/克	1.60	2.70	4.60
钙/克	2.00	3.80	5.80
磷/克	1.60	2.90	4.90
食盐/克	0.5	1.20	2.10
铁/毫克	33	67	71
锌/毫克	22	48	71
铜/毫克	1.30	2.90	4.50
锰/毫克	0.90	1.90	2.70
碘/毫克	0.03	0.07	0.13
硒/毫克	0.03	0.08	0.23
维生素A/单位	480	1050	1560
维生素D/单位	50	105	179
维生素E/单位	2.40	5.10	10.00
维生素K/单位	0.44	1.00	2.00
维生素B_1/毫克	0.30	0.60	1.00
维生素B_2/毫克	0.66	1.40	2.60
烟酸/毫克	4.80	10.60	16.40
泛酸/毫克	3.00	6.20	9.80
生物素/毫克	0.03	0.05	0.09
叶酸/毫克	0.13	0.30	0.54
维生素B_{12}/微克	4.80	10.60	13.70

表3-3 每千克仔猪饲料的营养含量

项　　目	体重阶段/千克		
	3～5	5～10	10～20
预期日增重/克	160	280	420
消化能/兆焦	16.74	14.14	13.85
粗蛋白质/%	27	22	19
赖氨酸/%	1.40	1.00	0.78
蛋氨酸＋胱氨酸/%	0.80	0.59	0.51
钙/%	1.00	0.83	0.64
磷/%	0.80	0.63	0.54
食盐/%	0.25	0.26	0.23

2.蛋白质和氨基酸需要

仔猪出生后生长快速、生理变化急剧，对蛋白质和氨基酸营养需要高。但仔猪消化系统发育不完善，例如仔猪胰蛋白酶含量在5周龄前维持在相对较低的水平，到6周龄才开始增加，因此在5周龄前仔猪对饲料蛋白尤其是植物性蛋白的消化吸收能力有限。断乳后营养源从母乳转向固体饲料，饲粮中高蛋白质水平往往导致仔猪腹泻和生长抑制，因此确定仔猪饲粮适宜蛋白质水平尤为重要。19%～21%的粗蛋白质水平可满足4～20千克仔猪的需要，建议4～10千克阶段采用21%，10～20千克阶段采用19%。

生长猪的氨基酸需要分为维持需要和蛋白质沉积需要，维持和蛋白质沉积的理想氨基酸比例不同。由于仔猪维持需要的氨基酸所占比例与生长猪不同，不同阶段体组织蛋白质的氨基酸组成不同，仔猪尤其断乳仔猪免疫、抗氧化、抗应激、维持肠道功能等对某些氨基酸的特殊需要，因此，仔猪的理想氨基酸模式不同于生长育肥猪阶段，有些氨基酸的需要量确实不同，例如谷氨酸、苏氨酸、组氨酸等，这些都有待于进一步去探索，应用上可参考美国NRC（国家研究委员会）制订的"猪的营养需要"，见表3-4、表3-5。

表3-4　NRC仔猪在自由采食下对日粮氨基酸的需要量（90%干物质）

项　　目	体重阶段/千克		
	3～5	5～10	10～20
平均体重/千克	4	7.5	15
日粮消化能含量/（兆焦/千克）	14.22	14.22	14.22
日粮代谢能含量[1]/（兆焦/千克）	13.66	13.66	13.66
消化能摄入量估测值/（兆焦/天）	3.58	7.07	14.22
代谢能摄入量估测值[1]/（兆焦/天）	3.43	6.78	13.66
采食量估测值/（克/天）	250	500	1000
粗蛋白质[2]/%	26.0	23.7	20.9
氨基酸需要量[3]			
以真回肠可消化氨基酸为基础/%			
精氨酸	0.54	0.49	0.42
组氨酸	0.43	0.38	0.32
异亮氨酸	0.73	0.65	0.55
亮氨酸	1.35	1.20	1.02
赖氨酸	1.34	1.19	1.01
蛋氨酸	0.36	0.32	0.27
蛋氨酸+胱氨酸	0.76	0.68	0.58
苯丙氨酸	0.80	0.71	0.61
苯丙氨酸+酪氨酸	1.26	1.12	0.95
苏氨酸	0.84	0.74	0.63
色氨酸	0.24	0.22	0.18
缬氨酸	0.91	0.81	0.69
以表观回肠可消耗氨基酸为基础/%			
精氨酸	0.51	0.46	0.39
组氨酸	0.40	0.36	0.31
异亮氨酸	0.69	0.61	0.52
亮氨酸	1.29	1.15	0.98
赖氨酸	1.26	1.11	0.94
蛋氨酸	0.34	0.30	0.26
蛋氨酸+胱氨酸	0.71	0.63	0.53
苯丙氨酸	0.75	0.66	0.56
苯丙氨酸+酪氨酸	1.18	1.05	0.89
苏氨酸	0.75	0.66	0.56
色氨酸	0.22	0.19	0.16
缬氨酸	0.84	0.74	0.63

项　目	体重阶段/千克		
	3～5	5～10	10～20
以总氨基酸为基础[①]/%			
精氨酸	0.59	0.54	0.46
组氨酸	0.48	0.43	0.36
异亮氨酸	0.83	0.73	0.63
亮氨酸	1.50	1.32	1.12
赖氨酸	1.50	1.35	1.15
蛋氨酸	0.40	0.35	0.30
蛋氨酸+胱氨酸	0.86	0.76	0.65
苯丙氨酸	0.90	0.80	0.68
苯丙氨酸+酪氨酸	1.41	1.25	1.06
苏氨酸	0.98	0.86	0.74
色氨酸	0.27	0.24	0.21
缬氨酸	1.04	0.92	0.79

① 假定代谢能为消化能的96%。在这些不同蛋白质水平的玉米-豆粕型日粮中，代谢能为消化能的94%～96%。

② 粗蛋白质水平适用于玉米-豆粕型日粮。在3～10千克体重仔猪日粮中使用血浆粉或奶粉时，蛋白质水平将比表中低2%～3%。

③ 总氨基酸需要量是以下列日粮为基础：3～5千克仔猪，含有5%血浆粉和25%～50%奶粉的玉米-豆粕型日粮；5～10千克仔猪，含有5%～25%奶粉的玉米-豆粕型日粮；10～20千克猪，玉米-豆粕型日粮。

④ 3～20千克猪的总氨基酸百分比例是根据经验数据估测的。其他氨基酸的需要量是根据其与赖氨酸（以真可消耗氨基酸为基础）的比例估测的，但支持这些比例的经验数据很少。

表3-5　NRC仔猪在自由采食下每日氨基酸需要量（90%干物质）

项　目	体重阶段/千克		
	3～5	5～10	10～20
平均体重/千克	4	7.5	15
日粮消化能含量/（兆焦/千克）	14.22	14.22	14.22
日粮代谢能含量[①]/（兆焦/千克）	13.66	13.66	13.66
消化能摄入量估测值/（兆焦/天）	3.58	7.07	14.22
代谢能摄入量估测值[①]/（兆焦/天）	3.43	6.78	13.66
采食量估测值/（克/天）	250	500	1000
粗蛋白质[②]/%	26.0	23.7	20.9

项　目	体重阶段/千克		
	3～5	5～10	10～20
氨基酸需要量[3]　以真回肠可消化氨基酸为基础/（克/天）			
精氨酸	1.4	2.4	4.2
组氨酸	1.1	1.9	3.2
异亮氨酸	1.8	3.2	5.5
亮氨酸	3.4	6.0	10.3
赖氨酸	3.4	5.9	10.1
蛋氨酸	0.9	1.6	2.7
蛋氨酸＋胱氨酸	1.9	3.4	5.8
苯丙氨酸	2.0	3.5	6.1
苯丙氨酸＋酪氨酸	3.2	5.5	9.5
苏氨酸	2.1	3.7	6.3
色氨酸	0.6	1.1	1.9
缬氨酸	2.3	4.0	6.9
以表观回肠可消耗氨基酸为基础/（克/天）			
精氨酸	1.3	2.3	3.9
组氨酸	1.0	1.8	3.1
异亮氨酸	1.7	3.0	5.2
亮氨酸	3.2	5.7	9.8
赖氨酸	3.2	5.5	9.4
蛋氨酸	0.9	1.5	2.6
蛋氨酸＋胱氨酸	1.8	3.1	5.3
苯丙氨酸	1.9	3.3	5.7
苯丙氨酸＋酪氨酸	3.0	5.2	8.9
苏氨酸	1.9	3.3	5.6
色氨酸	0.5	1.0	1.6
缬氨酸	2.1	3.7	6.3
以总氨基酸为基础[4]/（克/天）			
精氨酸	1.5	2.7	4.6
组氨酸	1.2	2.1	3.7
异亮氨酸	2.1	3.7	6.3
亮氨酸	3.8	6.6	11.2
赖氨酸	3.8	6.7	11.5
蛋氨酸	1.0	1.8	3.0

项　目	体重阶段（千克）		
	3～5	5～10	10～20
以总氨基酸为基础/（克/天）④			
蛋氨酸+胱氨酸	2.2	3.8	6.5
苯丙氨酸	2.3	4.0	6.8
苯丙氨酸+酪氨酸	3.5	6.2	10.6
苏氨酸	2.5	4.3	7.4
色氨酸	0.7	1.2	2.1
缬氨酸	2.6	4.6	7.9

① 假定代谢能为消化能的96%。在这些不同蛋白质水平的玉米-豆粕型日粮中，代谢能为消化能的94%～96%。

② 粗蛋白质水平适用于玉米-豆粕型日粮。在3～10千克体重仔猪日粮中使用血浆粉或奶粉时，蛋白质水平将比表中低2%～3%。

③ 总氨基酸需要量是以下列日粮为基础：3～5千克仔猪，含有5%血浆粉和25%～50%奶粉的玉米-豆粕型日粮；5～10千克仔猪，含有5%～25%奶粉的玉米-豆粕型日粮；10～20千克猪，玉米-豆粕型日粮。

④ 3～20千克猪的总氨基酸需要量等于表3-4中的百分率（根据经验数据估测的）乘以采食量估测值。其他氨基酸的需要量是根据其与赖氨酸（以真回肠可消化基础）的比例估测的，但支持这些比例的经验数据很少。

3.矿物质需要与维生素需要

仔猪对添加食盐有积极反应，因此，NRC调高了仔猪钠和氯的需要量（表3-6、表3-7）。饲粮中的钾、钠、氯是相互作用的，应考虑电解质平衡，尤其是乳猪饲粮中往往钾含量较高。仔猪适宜的电解质平衡值为200～300毫克当量/千克。仔猪对铜、铁、锌、锰需要量也很重要。微量元素不仅影响仔猪的生长，还涉及安全和环保问题。尤其当前仔猪饲料普遍使用高铜、高锌，其微量元素含量普遍高于仔猪营养需要，高剂量铜和锌促进仔猪的作用已被大量研究证实，但高铜、高锌带来的残留和污染问题应引起重视。

NRC对维生素的推荐量是基于不出现缺乏症的最低需要量，未能考虑到快速生长、断乳、免疫、应激等需要，而这些维生素对于饲养仔猪非常关键。

表3-6　仔猪在自由采食情况下对日粮矿物质元素、
维生素及脂肪酸的需要量（90%干物质）

项　　目	体重阶段/千克		
	3～5	5～10	10～20
平均体重/千克	4	7.5	15
日粮消化能含量/（兆焦/千克）	14.22	14.22	14.22
日粮代谢能含量[①]/（兆焦/千克）	13.66	13.66	13.66
消化能摄入量估测值/（兆焦/天）	3.58	7.07	14.22
代谢能摄入量估测值[①]/（兆焦/天）	3.43	6.78	13.66
采食量估测值/（克/天）	250	500	1000
需要量/%			
矿物质元素			
钙[②]/%	0.90	0.80	0.70
总磷[②]/%	0.70	0.65	0.60
有效磷[②]/%	0.55	0.40	0.32
钠/%	0.25	0.20	0.15
氯/%	0.25	0.20	0.15
镁/%	0.04	0.04	0.04
钾/%	0.30	0.28	0.26
铜/毫克	6.00	6.00	5.00
碘/毫克	0.14	0.14	0.14
铁/毫克	100	100	80
锰/毫克	4.00	4.00	3.00
硒/毫克	0.30	0.30	0.25
锌/毫克	100	100	80
维生素			
维生素A[②]/国际单位	2200	2200	1750
维生素D3[②]/国际单位	220	220	200
维生素E[②]/国际单位	16	16	11
维生素K/毫克	0.50	0.50	0.50
生物素/毫克	0.08	0.05	0.05
胆碱/克	0.60	0.50	0.40

续表

项　目	体重阶段/千克		
	3～5	5～10	10～20
需要量/%			
维生素			
叶酸/毫克	0.30	0.30	0.30
可利用尼克酸[③]/毫克	20.00	15.00	12.50
泛酸/毫克	12.00	10.00	9.00
核黄素/毫克	4.00	3.50	3.00
维生素B_1/毫克	1.50	1.00	1.00
维生素B_6/毫克	2.00	1.50	1.50
维生素B_{12}/微克	20.00	17.50	15.00
亚油酸/%	0.10	0.10	0.10

① 假定代谢能为消化能的96%。在玉米-豆粕型日粮中，代谢能一般为消化能的94%～96%，这取决于粗蛋白质水平的高低。

② 换算关系：1国际单位维生素A=0.344微克维生素A醋酸酯；1国际单位维生素D_3=0.25微克胆钙化醇；1国际单位维生素E=0.67毫克D-α-生育酚或1毫克DL-α-生育酚醋酸酯。

③ 玉米、高粱、小麦和大麦中的尼克酸不可利用。同样地，这些谷粒副产品中的尼克酸的利用率也很低，除非将这些副产品进行发酵或湿法研磨加工处理。

表3-7　仔猪在自由采食情况下每日对矿物质元素、

维生素及脂肪酸的需要量（90%干物质）

项　目	体重阶段/千克		
	3～5	5～10	10～20
平均体重/千克	4	7.5	15
日粮消化能含量/（兆焦/千克）	14.22	14.22	14.22
日粮代谢能含量[①]/（兆焦/千克）	13.66	13.66	13.66
消化能摄入量估测值/（兆焦/天）	3.58	7.07	14.22
代谢能摄入量估测值[①]/（兆焦/天）	3.43	6.78	13.66
采食量估测值/（克/天）	250	500	1000
需要量/每天			
矿物质元素			
钙[②]/%	2.25	4.00	7.00
总磷[②]/%	1.75	3.25	6.00
有效磷[②]/%	1.38	2.00	3.20
钠/%	0.63	1.00	1.50

续表

项　　目	体重阶段/千克		
	3～5	5～10	10～20
需要量/每天			
矿物质元素			
氯/%	0.63	1.00	1.50
镁/%	0.10	0.20	0.40
钾/%	0.75	1.40	2.60
铜/毫克	1.50	3.00	5.00
碘/毫克	0.04	0.07	0.14
铁/毫克	25.00	50.00	80.00
锰/毫克	1.00	2.00	3.00
硒/毫克	0.08	0.15	0.25
锌/毫克	25.00	50.00	80.00
维生素			
维生素A[2]/国际单位	550	1100	1750
维生素D_3[2]/国际单位	55	110	200
维生素E[2]/国际单位	4	8	11
维生素K/毫克	0.13	0.25	0.50
生物素/毫克	0.02	0.03	0.05
胆碱/克	0.15	0.25	0.40
叶酸/毫克	0.08	0.15	0.30
可利用尼克酸[3]/毫克	5.00	7.50	12.50
泛酸/毫克	3.00	5.00	9.00
核黄素/毫克	1.00	1.75	3.00
维生素B_1/毫克	0.38	0.50	1.00
维生素B_6/毫克	0.50	0.75	1.50
维生素B_{12}/微克	5.00	8.75	15.00
亚油酸/%	0.25	0.50	1.00

① 假定代谢能为消化能的96%。在玉米-豆粕型日粮中，代谢能一般为消化能的94%～96%，这取决于粗蛋白质水平的高低。

② 换算关系：1国际单位维生素A=0.344微克维生素A醋酸酯；1国际单位维生素D_3=0.25微克胆钙化醇；1国际单位维生素E=0.67毫克D-α-生育酚或1毫克DL-α-生育酚醋酸酯。

③ 玉米、高粱、小麦和大麦中的尼克酸不可利用。同样地，这些谷粒副产品中的尼克酸的利用率也很低，除非将这些副产品进行发酵或湿法研磨加工处理。

二、哺乳仔猪营养的特殊要求

① 由于仔猪的增重在很大程度上取决于能量的供给，因此能量应作为哺乳仔猪饲料的优先级考虑，不应只看重蛋白质，相反蛋白质含量越高，能量上不去，只有害而无利，一般哺乳仔猪料的消化能应在13807千焦/千克以上。

② 由于哺乳仔猪消化道尚未成熟，供给易消化、生物学价值高的蛋白质饲料（例如优质动物蛋白饲料、乳制品、血浆蛋白粉、膨化大豆、大豆浓缩蛋白）非常重要，植物性蛋白豆粕中含有某些抗原性的物质，损伤肠黏膜，易引起哺乳仔猪腹泻，应尽量减少豆粕使用量，一般日粮中不要超过25%；粗蛋白水平不必要求太高，一般以19% ~ 20%为宜，赖氨酸在1.30%以上。

③ 由于石粉酸结合能力较强，将中和胃内的酸，因此饲料中的钙含量不要太高，一般日粮含量在0.8% ~ 0.85%就足够。

④ 由于仔猪抗病力弱，因此在饲料中添加先进的抗菌药物和促生长剂，能有效预防仔猪腹泻，促进仔猪快速生长。

⑤ 在饲料中添加酸化剂、甜味剂、酶制剂、微生态制剂、寡糖等，有助于改善仔猪胃肠道微生态平衡，提高饲料消化率和采食量。

第三节　哺乳技术

出生仔猪开始吃奶时，往往相互争夺奶头，造成咬伤母猪奶头或仔猪颊部，强壮的仔猪占据前边乳汁较多的乳头或两个乳头，弱小的仔猪只能吸吮后边乳汁少的乳头，结果就会形成一窝仔猪中强者更强，弱者更弱，到断乳时体重相差悬殊，严重者甚至造成弱小仔猪死掉。为了使整窝仔猪均匀生长，每头仔猪都能吃足母乳，应该采取固定乳头的方法。

一、分批哺乳

母猪适宜的哺育头数与其体况、年龄、饲养条件、泌乳力和有效乳头数有关。一般头胎母猪哺育8～10头，经产母猪哺育10～12头或按母猪体重判定，即母猪体重按20千克哺育1头仔猪为宜。我国有许多地方猪种产仔数都在10头以上。太湖猪最多产仔36头，辽宁黑猪最多产仔27头，大大超过母猪哺育能力。在生产实践中常会发生多产仔猪，即窝产仔数过多超过母猪有效乳头数的情况。采用分批哺乳技术，有显著效果。

分批哺乳方法如下。

① 采用保温箱，1～3日龄仔猪放入保温箱（温度30～35℃），每窝仔猪分成两批哺乳（每批分别为11头、18头），将仔猪分成强弱、大小，用铅油在小猪背毛上划上记号。头3天间隔2小时哺乳1次，平均每昼夜哺乳12次，由第4～28天，间隔4小时哺乳1次，平均每昼夜哺乳6次。

② 12日龄开始设专门补料间，补颗粒料，开始训练让其自由采食，每天3～4次。待仔猪会吃料时增加到5～6次，出现抢食时再减到4次，并控制喂量，定食、定量，不要一次吃得过饱。

③ 29日龄开始用颗粒料加奶粉，奶粉每天每头仔猪22～25克，每天喂5次，到40天出栏，成活率达100%，出栏仔猪最大体重达11.5千克，最小体重达9千克，平均头体重达10.5千克。

④ 加强母猪饲养管理。为了保证仔猪有充足的母乳吃，要加强哺乳母猪的饲养。每头母猪每日添加炼过的牛肠油0.75千克（均匀拌入料中）、豆饼0.3千克（用炕或炉子将豆饼烤后粉碎）、玉米面1.5千克、稻糠3千克、食盐0.05千克，骨粉、贝粉适量，供给充足的饮水，日喂3次。

二、人工哺乳

生产实践中常常还会遇到仔猪出生不久，母猪产后无乳或乳汁不足、患病或死亡等原因造成仔猪缺乳或无乳。养育多产和无乳仔猪的措施之一就是人工哺乳。

1.人工乳的配制原则

（1）人工乳的管养性　人工乳的成分要和母乳相似，猪乳中脂肪丰富而蛋白质相对较少，是一种高能低蛋白的营养品。配制人工乳时，如以牛、羊乳为基础需加入一定量的脂肪和糖，以提高其含热量。人工乳中粗蛋白质含量不宜过多，一般为16%～20%，更要注意质量，以保证仔猪必需氨基酸的供给。初生仔猪不能从土壤中获得矿物质和微量元素，维生素也无法获得，所以在配制人工乳时，应力求齐全，使之接近天然乳水平。

（2）人工乳的消化性　初生仔猪消化能力很差，配制人工乳必须选用合适的原料，糖和脂肪原料应选用宜被仔猪消化吸收的葡萄糖和猪油为宜。

（3）人工乳的适口性　人工乳如适口性不好，仔猪便不爱采食或不能消化利用。配制时应选择脱脂奶粉、大豆粉等仔猪喜食原料或添加一定量的香味剂、糖精以提高人工乳的适口性。

（4）人工乳应具有预防疾病、促进发育的作用　仔猪不吃初乳，不能从中获得免疫抗体，需给仔猪补饲以牛乳的初乳或母猪血清，并在人工乳中加入抗生素。

2.人工乳的配制

配方1：牛乳或羊乳1000毫升，猪油20克，矿物质混合液5毫升，鸡蛋1枚，葡萄糖20克，鱼肝油、复合维生素B、抗生素各适量。

配方2：牛乳或羊乳1000毫升，鸡蛋50克，葡萄糖20克，琼脂5克，盐1.5克，矿物质、维生素、抗生素各适量。

说明：①如用奶粉可按1：9加水配成乳汁。

②矿物质混合液配方：水1000毫升，硫酸铜3.9克，氯化锰3.9克，碘化钾0.26克，硫酸亚铁50克。

此两种配方适用于出生到15日龄仔猪，配制方法相同，即先将鸡蛋加入少量牛乳中充分搅拌，并同时加入其他成分，搅匀后分装瓶中加塞，隔水加温至60～65℃1小时，连续3天，冷藏备用。

3. 人工乳的饲喂

人工乳中如没有抗生素，临用前需加入母猪血清20%，隔水加温至60℃半小时，分装入奶瓶，待凉至40℃时即可饲喂。喂时，要首先教会仔猪吸吮乳头，以后可改为浅盆或槽自食。每日饲喂6～8次，可限量亦可不限量，应防止过食引起消化道疾病。15日龄后可逐步加入米汤、面粉、鱼粉、豆饼粉、酵母粉等。20日龄后可全部改为上述植物性饲料。30日龄即可断乳，供给断乳仔猪料。

第四节　哺乳仔猪的补饲

仔猪出生后，生长快，对养分的需求与日俱增，而母猪在产仔后的3～4周达到泌乳高峰后逐渐下降，但仔猪自第2周后以母乳为主已无法满足其生长需要，6周龄后母乳中供给的营养不到哺乳仔猪所需的一半，8周龄时只能满足1/3左右。因此，一般应从7日龄（早的可在5日龄）开始训练仔猪诱食，并随日龄的增加而调整喂料量，以便及早给仔猪补充营养。对哺乳仔猪积极补饲，既可锻炼仔猪消化器官及其功能，为后期生长发育打好基础，还能预防仔猪生长发育不良。

农村绝大多数农户是采用传统方法喂养仔猪，一般都在哺乳仔猪出生后25～30天才开始自由开食；且饲料单一，配制方法不当，以致营养严重不足，钙磷比例失调，使仔猪生长发育受阻。

一、哺乳仔猪早期补饲的优点

1.促进消化器官发育，增强消化功能

补饲的仔猪胃的容积（680～740毫升）比未补饲的（370～430毫升）约增大1倍，因此，容纳的食物数量就多。

2.增加断乳窝重和成活率，提高经济效益

仔猪出生后5～7日龄开始诱食，8～15日龄进行补料，平均窝重达146.7千克，平均体重16.3千克，而25～30日龄自由开食按传统方法喂料的平均体重10.6千克。并且早期补饲的仔猪白痢病发病率比传统方法喂养降低50%以上。

3.可缩短母猪繁殖周期，提高年产仔率

采用早期补饲的仔猪，发育良好，增重快，可提前15～20天（即出生后40～45天）断乳，母猪又可发情及时配种，从而缩短了繁殖周期，提高年产仔率。

4.节省人工和燃料，降低成本

仔猪补饲用的精、青饲料不需要煮熟，实行生喂，可简化饲料的调制工序。每窝仔猪可节省人工7.5～8.0个，燃料250千克左右。

二、补料前的准备

1.喂水

哺乳仔猪物质代谢旺盛，生长发育迅速，需水量较多，加之母乳脂肪含量高，仔猪吃奶后常感口渴，若不喂给清洁充足饮水，仔猪便会喝脏水或尿液，易引起腹泻等疾病。一般3～5日

齢开始在仔猪补料栏内设置浅水槽，保证供给洁净饮水，并经常更换，可添加甜味剂，千万不能喂油腻的水。冬天用温水（以5～15℃为宜），在饮水中加入0.8%盐酸（矿物质），可补充胃液分泌不全，并活化胃蛋白酶。

2.补充微量元素和矿物质

铁元素是出生仔猪生长发育所必需的微量元素之一，是合成血红蛋白、肌红蛋白和各种氧化酶的重要原料。尽管机体含铁量很少，但分布广泛，在生命过程中起着重要的作用，它以多种形式参与生命活动中的物质代谢和能量代谢，以血红蛋白的形式存在于红细胞中，以肌红蛋白的形式存在于肌肉中，以运铁蛋白和铁蛋白的形式存在于血清中，以子宫铁蛋白的形式存在于胎中，以乳铁蛋白的形式存在于乳中，以铁蛋白和黄素铁蛋白的形式存在于肝中；铁还是细胞色素氧化酶、过氧化酶、过氧化氢酶、黄嘌呤氧化酶的重要组成成分。因此，铁的营养状况与生猪的生长发育和健康密切相关。

（1）哺乳仔猪补铁的重要性　出生仔猪体内铁的储量较少（一般每千克体重仅含铁28毫克左右），这是由于猪在胚胎发育期间肝中铁储含量本来就少的缘故。而胎儿期铁储少，母猪铁质转移给胎儿是从血浆而非血细胞，由于胎盘屏障的作用，母猪血浆中的铁质转移到胎儿的能力不佳。哺乳仔猪早期生长率极高，3周龄体重为出生重的4～5倍，8周龄体重为出生重的8倍。仔猪出生后每天需供给铁7～16毫克，或每增加1千克体重需21毫克铁，这样才能维持适宜血红蛋白浓度和铁含量。而母乳中铁含量很低，每升猪乳平均含铁1毫克左右。仅食母乳的仔猪，只能获得所需铁的1/7，出生仔猪如果不补充铁，在出生后3～4天会很快将体内储存的40～50毫克铁耗尽，一般在10日龄之内易发生缺铁性贫血，贫血仔猪轻则皮肤和黏膜苍白，被毛粗乱，精神不振，食欲减退，生长缓慢，重则呼吸困难，横隔膜肌痉挛，个别因感染呼吸道和肠道疾病而死亡。

（2）补铁方法 出生仔猪每日生长需铁7毫克，而母乳中含铁量较少，仔猪每天从母乳中仅获得1毫克的补充，给母猪补铁并不能提高乳中含铁量，故必须及时给仔猪补铁。补铁的方法很多，主要有以下三种。

① 投放红土法。红壤土含有多种微量元素，特别是富含铁，在有红土的地方，可用红壤土补铁。经常从红壤土地区运回一些深层（10厘米以下）的红壤土，在铁锅中焙炒，加少量盐后，铺撒在仔猪补料间内，让仔猪自由拱食，补充所需的铁，并经常挖新的红土更换被粪尿污染的红土。这种补铁方法会增加仔猪感染寄生虫的机会。因此，最好在仔猪生后第5天，在补饲间内设置补饲槽，内放置骨粉、食盐、木炭末、红土等，有条件的可拌上铁铜合剂（2.5克硫酸亚铁加1克硫酸铜，溶入1000毫升热水中过滤后即成），让其自由拱食。

② 口服补铁法。常用的口服铁制剂主要有硫酸亚铁，另外还有乳酸铁和还原铁等。为促进铁的吸收，可配伍硫酸铜制成铁铜合剂，分别在3日龄、5日龄、7日龄、10日龄、15日龄时每日2次，每头每天10毫升。仔猪生后3日龄起，补饲铁制剂时将溶液装入奶瓶中让仔猪吸吮或滴服，也可于小猪吮乳时，将溶液涂抹在母猪奶头上令其吸食，每天1～2次。如果仔猪开始采食，则将铁制剂拌在饲料中，仔猪达1月龄后浓度可提高1倍。这种补铁方法，比较烦琐且吸收率低。

③ 注射补铁法。常用的铁制剂多为右旋糖酐铁注射液、铁钴注射液。一般每头仔猪72小时内颈部肌内或皮下注射1.5～2毫升，以维持仔猪21日龄内对铁的需求，必要时10日龄再加倍注射1次。这一方法在规模猪场适用，但有注射铁剂吸收速度

慢、消毒不严、注射易引起感染以及注射部位留有斑点使屠体等级下降的缺点，给仔猪逐一注射还要花费较多劳力。另外，右旋糖酐对猪的体况要求较高，对体重弱小的猪有副作用，易造成中毒死亡。

（3）补硒　在缺硒地区，在补铁的同时要注意补硒。硒是动物生命必需的微量元素。在机体内的作用是激活含硫氨基酸分子的活性，使机体具有抗氧化能力，还能增强维生素E的利用。硒元素缺乏，仔猪发生贫血、下痢、白肌病、生产发育严重障碍。适时适量补硒可得到很好的预防和治疗效果，仔猪增重率明显提高。生猪对硒的营养有效需要量是饲料中的含量不低于0.1毫克/千克，动物体硒含量为0.031～0.15毫克/千克，但应注意，引起猪中毒的饲料中硒含量是7毫克/千克，故须控制好用量。一般亚硒酸钠的需用量：仔猪肌内注射1～2毫升浓度0.1%的亚硒酸钠注射液。我国大多地区是缺硒地带，农作物和饲草中硒含量低于这一临界水平。因此，在缺硒地区还应给3日龄仔猪肌注0.1%亚硒酸钠1～2毫升，待仔猪学会吃料后，在每千克饲料中添加亚硒酸钠0.1毫克，断乳时再肌注1次。但是，硒对高等动物毒性极强，要严加管理，稍有疏漏，后果严重。

三、补料技术

1.诱食方法

哺乳仔猪补料时间越早越好，一般在生后5～7天开始训练其认料。由于哺乳仔猪刚开始接触饲料，不认识，因此诱导哺乳仔猪采食饲料是很重要的。一般诱食补料的方法有以下几种。

（1）自由采食法　因颗粒性饲料香脆可口，仔猪爱吃，在仔猪活动时间用炒香的大麦、玉米、高粱、豆类、碎米等颗粒撒在仔猪补料栏内或仔猪经常活动的地方，或用簸团箕撒一些粉料

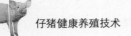

（粥也可以和切细的嫩青菜叶拌一起），然后细心观察，看仔猪爱吃其中哪种，把仔猪最喜欢的一种单独供给。每天训练4～5次，一般4～5天后就会吃料。

（2）以大带小法　将已学会吃料的仔猪与准备诱食补料的仔猪放在同一补料栏内，仔猪经过模仿争食很快学会吃料；也可把饲料撒在槽边或干净的栏舍地面，让母猪带着小猪自由采食

（3）人工塞食法　对不会舔食的仔猪，可以采用强迫性的办法来训练其认料。可用高品质、熟化、新鲜的全价颗粒乳猪料加温水（忌开水）拌成糊状，用左手抓住仔猪颈部，并以拇指和食指卡住两边嘴角使其张开，右手用小汤匙等将糊状料抹于仔猪嘴唇上或送入仔猪口中，强制其采食，每天3～5次，两三天后自然学会采食。

（4）甜食引诱法　利用仔猪喜吃甜食的习性，将玉米、高粱、黄豆等炒香炒熟磨成芝麻大小，喷洒上糖水，涂抹于母猪乳头上，仔猪会自觉舔食，每天用甜料训练4～5次，这种效果十分显著。

（5）饥饿法　待仔猪吃饱奶休息时，把母猪与仔猪分开，用香甜、清脆、适口性好的诱料放于仔猪休息的地方，让仔猪拱食，隔开仔猪1.5小时后，再让母猪给仔猪喂奶，当仔猪吃饱奶后，再按上述方法重复进行，直至仔猪学会采食为止。

2.补料

仔猪通过5～7天的认料训练，已识别饲料并产生吃料欲望，为了巩固仔猪吃料的条件反射，不要随意变动饲料内容物和补料地点。此时，饲料应以新鲜洁净的颗粒料为佳，开始每窝只给几颗（10克左右），让猪拱食，以后逐日增加，若添加多了，下次添料时还有陈料，需清出来喂其他猪。每天及时清除槽内余料，迅速冲洗。刚开始补料时切勿喂蛋白质含量过高（粗蛋

白25%以上）的料，不能多喂鲜嫩的青料，尤其是红苕藤、白瓜等。料槽内不得有水。因为仔猪饮水量比成年猪大，因此在投料后还必须给仔猪提供大量的清洁饮水，让仔猪饮足。尽管母猪奶中含有大量的水分，但如不及时提供饮水，仔猪吃料、生长就会受到影响，这一点不可忽视，最好用杯式饮水器供水，饮水器应置于仔猪必经之处，精料和水的比例按1∶（0.8～1）为好。母猪缺乳时，忌给仔猪饮蔗糖水。诱料用具应干净卫生，补料栏保持干燥、清洁，勿积污水、粪尿或残料，阴雨天应及时排净积水。开始补料最好不用料箱，而用一个很浅的盘子，置于仔猪易于接触到的地方，如躺卧区旁边。盘子以涂成白色为好，因为仔猪对白色最感兴趣，白色吸引仔猪探寻，促进开食，故应用白色的无毒塑料盘作诱食补料食盘。诱料坚持多餐饲喂，白天每2小时补1次，下午和傍晚可1小时1次，少吃多餐，晚上22∶00～24∶00应加喂1次。数量由少到多，开始每次每头5～10克，以后15～40克，最多不宜超过60克。仔猪从认料到30日龄这一阶段，补料的目的除供给部分营养物质外，更重要的是使仔猪消化器官能适应植物性饲料，为旺食期奠定基础。故此时补料的重点是强调饲料的适口性，增进仔猪食欲。

仔猪15日龄开始减少哺乳次数，实行定时哺乳。15～30日龄，应喂给仔猪营养丰富、多样化、有足够矿物质和维生素的颗粒配合饲料，饲料中应配有玉米、高粱、豆饼、细糠、少许食盐及幼嫩的青草、青菜、南瓜等，并且随食量的大小而调整供给量。日粮中粗蛋白含量不低于18%，如在日粮中添加适量赖氨酸和微量元素效果更佳。有条件的可选用专用的仔猪颗粒料喂给。切忌一直投喂糊状料，否则会引起消化不良，降低饲料品质，影响饲用效果。

30日龄后仔猪进入旺食期，能大量采食和消化植物性饲料。

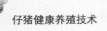

补料的目的在于设法让仔猪多吃快长。一方面应调制营养丰富易消化的仔猪饲料。每千克饲料含消化能13.39兆焦，粗蛋白18%，并添加适量维生素、微量元素及抗生素，提高饲料的全价性。饲喂方式可自由采食，也可白天喂5次，夜间再补喂1次。每日采食量从300克左右逐渐增加，接近断乳时增至1200克。另一方面要减少哺乳次数，控制为每日4～6次，晚上不让吮乳。由于哺乳仔猪抗病力较低，在补料时要特别注意饲料和补料间的卫生状况。

3.补饲添加剂

在仔猪饲料中添加生物素、酶制剂、调味剂、酸化剂、微生物制剂等可有效提高饲料转化率，提高日增重，降低发病率。生物素作为一种辅酶参与多种重要的新陈代谢，可促进仔猪生长，提高饲料转化率。目前市场出售的生物素含量一般为2%，添加量为30～50克/吨，可取得较好的饲养效果。酶制剂以淀粉酶、蛋白酶、脂肪酶和纤维素酶等复合酶较理想，断乳仔猪35天时日粮中添加0.1%的复合酶，可提高日增重8%，饲料转化率提高35%以上。调味剂如美国乳猪香、乳猪宝等，添加量一般为400～500克/吨。在饲料中添加乳猪香和乳猪宝，仔猪日增重可提高10%～18%，采食量提高10%～15%。酸化剂如柠檬酸、延胡索酸、甲酸钙等，在仔猪饲料中添加1.5%～2%的延胡索酸，可提高仔猪日增重8%，采食量提高5.2%，饲料利用率提高4.4%。在仔猪日粮中添加1%～1.5%的甲酸钙，日增重可提高2.8%～4.9%，同时可明显降低仔猪痢疾的发病率。微生物制剂如益生素，仔猪从出生后1～2天开始直接饲喂，断乳仔猪成活率可提高4%～5%，实际应用时，益生素添加量为2～3千克/吨。

4.喂料技术

仔猪开始独立吃料后，每次投料量应根据仔猪的采食、粪便及动态等灵活掌握，科学投料，重点掌握"三看"。

（1）看采食情况投料 给仔猪喂第2餐时，如槽中还留有一点饲料粉末，没有成小堆粉料或颗粒料现象，则说明上顿投料太少，应适当增加饲料量；如槽中有剩粒，则应适当减少投料量。

（2）看粪便状态投料 观察粪便时间是每天的12：00～15：00，仔猪独立吃料后的粪便变细，颜色黑褐，这是正常的。如粪便变软、油光发亮、色泽正常，投料不增不减。若圈内有少量零星粪便呈黄色，粪内含有饲料颗粒，则说明有个别猪采食过多，投料应比上顿减少20%；当仔猪粪便呈糊状淡灰色，并有零星粪便呈黄色，内含饲料颗粒，这是全窝猪下痢的预兆，应停喂一顿，下顿也只能喂停食前的半量；第3顿要视情况而定。如圈内粪便大部分变软变黑，喂量可增加到正常量的80%，以后可恢复到正常量。如排泄物为糊状呈绿色，而且粪内附有脱落的肠黏膜时，要停喂2顿，第3顿在槽内撒上少许饲料，逐渐增加投料量，经3天后逐渐恢复常量。

（3）看仔猪动态投料 喂食前仔猪蜂拥槽前，叫声不断，可多喂些；投料10分钟后，槽内料已吃净，仔猪仍在槽前张望，可适当再投一些饲料。如果有些仔猪在喂食前虽然来到槽前，但叫声小而弱，可适当少投些料。

第五节　哺乳仔猪饲料的配制

随着仔猪日龄和体重的增加，结合哺乳仔猪生长发育的特点，母乳能量满足程度下降，差额部分由补料满足，在能量浓度达到13.81～15.06兆焦/千克时，仔猪可以获得最佳增重和消化道发育。在根据仔猪能量需求量配制饲料的同时，还需要考虑实

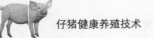

际环境温度、生产水平等诸多因素，充分满足仔猪能量需求；仔猪机体新陈代谢旺盛，矿物质元素需求量高；哺乳期仔猪免疫力急需提升，各类维生素的补给必须要满足供给量，对于维持仔猪的生理机能大有裨益。适宜的哺乳仔猪饲粮，可以促进仔猪生长，提高断乳窝重，减少母猪体内消耗和饲料转化环节，从而提高饲料报酬和经济效益。

一、哺乳仔猪对饲料的要求

哺乳期仔猪消化道功能适合母乳的吸收，体内消化器官正处于生长发育期，无论是消化道容量，还是消化道内酶的活性，都处于较低水平。由此，在饲料供给方面，必须要选择适口性好、易消化吸收、营养密度高的原料，确保仔猪顺利认识饲料，适应断乳后饲养状态，实现由断乳向饲料供给的平稳过渡。

1.对能量饲料的要求

要求能量饲料适口性和消化性要好，玉米是最佳选择，对其进行膨化处理，促使玉米内淀粉大分子有机物糊化变性，更适合仔猪肠胃消化吸收。不要使用小麦、麸皮等，因为其内抗营养因子数量较多，用作仔猪日粮会加重胃肠负担，影响消化吸收。同时，乳清粉、葡萄糖等作为仔猪能量供给，能起到有效诱食的作用，切实提升仔猪采食量。此外，此阶段日粮能量水平要求要高，脂肪的能量要高于蛋白质、碳水化合物的能量2倍多，由此建议都使用适量的脂肪，提升饲料适口性，增加仔猪进食量。

2.对蛋白饲料的要求

仔猪体内组织器官的形成主要源自蛋白的沉积，由此日粮中蛋白、氨基酸的浓度必须确保高标准。然而，由于乳仔猪消化功能发育的不完全性和高强度的新陈代谢，对蛋白质的质量、氨基酸的平衡尤为重要。消化性、适口性好，氨基酸利用率高的蛋白质饲料是乳仔猪对蛋白质原料的要求。全脂大豆粉、大豆粉、鱼粉、血浆蛋白粉等是首选的蛋白质饲料原料。同时，为了进一步提高养分利用率、改善适口性，采用加热等工艺破坏大豆甚至豆粕中的抗营养因子，是保障仔猪良好的消化功能、防治补料腹泻的有效措施。花生粕、棉籽粕、菜籽粕以及其他加工副产品，由于氨基酸不平衡性、适口性较差、所含有毒有害物质的不确定性，不宜作为乳仔猪的蛋白质饲料原料。

3.对其他饲料的要求

仔猪生长期骨骼发育速度快，对钙、磷等矿物质需求量大。由此，选择优质的钙、磷等矿物质原料尤为重要。同时，要对饲料中的有毒有害物质进行测定，如磷酸氢钙中氟的含量、微量元素中重金属的含量等。同时，为了改善仔猪消化道功能，使用酸制剂、酶制剂等也是必不可少的。但是，具体用量一定要控制得当，同时注意使用方法、用量及目的，做到有的放矢。

二、仔猪配方饲料

仔猪配合饲料配方应按照饲养标准规定的项目和指标拟定。饲料品种力求多样。豆类必须炒熟，以利提高适口性和消化率。根据我国饲料条件，仔猪配合饲料中玉米、小麦等可占50%～60%，细米糠、麸皮等占5%～10%，蚕蛹、豆类、饼类（菜籽饼、棉仁饼、花生饼）等占30%～40%，骨粉、碳酸钙、食盐等占2.5%～3.0%。每千克配合料养分含量：消化能13.39～13.81兆焦，粗蛋白18%～22%，赖氨酸0.75%～0.9%，钙0.6%～0.75%，磷0.50%～0.57%。在一定范围内，配合饲料中能量、蛋白质、赖氨酸等营养物质含量越高，仔猪增重越快，增重耗料越省。表3-8为仔猪饲料配方举例。

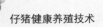

表3-8　哺乳仔猪饲料配方

	配方编号	1	2	3	4	5
饲料配合比例/%	玉米	62	58	43.5	51	54.3
	小麦	—	—	—	—	—
	高粱	—	—	10	10	7.8
	麸皮	5	5	5	—	6
	秣食豆草粉	—	1	—	—	—
	豆饼	28	26	20	20	21
	鱼粉	—	5	7	10	8.3
	酵母	—	—	1.5	4	—
	全脂奶粉	—	4	10	—	—
	胃蛋白酶	—	—	—	—	—
	白糖	5	—	—	2	—
	骨粉	—	1	0.6	0.6	0.3
	食盐	0.3	0.2	0.4	0.4	0.3
	无机盐	适量	适量	1	1	1
	维生素	适量	适量	1	1	1
营养成分	消化能/（兆焦/千克）	13.05	13.76	13.6	13.68	13.51
	粗蛋白质/%	18	20.60	22	21.80	20.20
	粗纤维/%	2.6	3.00	2.40	2.10	2.80
	钙/%	0.59	0.93	0.79	0.78	0.63
	磷/%	0.35	0.50	0.62	0.61	0.58
	赖氨酸/%	0.85	1.17	1.34	1.23	1.16
	蛋氨酸/%	0.17	0.27	0.34	0.30	0.26
	胱氨酸/%	0.19	0.21	0.27	0.17	0.21

　　注：配方1和配方2适用于7～15日龄仔猪诱食料，配方3、配方4和配方5适用于哺乳仔猪全期的补料。

　　此外，仔猪出生时，有时会遇上母猪产后无乳、母猪有咬仔恶癖、母猪产后死亡或其他原因导致不能哺乳，而此时又找不到合适的"保姆猪"，就必须配制人工乳来养育这些吃不到母乳的"孤儿猪"。人工乳配方举例见表3-9。

表3-9　哺乳仔猪人工乳配方

配方编号		1	2	3
原料配合	牛乳/毫升	1000	1000	1000
	全脂乳粉/克	50	100	200
	鸡蛋/克	50	50	50
	葡萄糖/克	20	20	20
	矿物质添加剂	适量	适量	适量
	维生素添加剂	适量	适量	适量
营养成分	干物质/%	19.60	23.40	24.70
	消化能/（兆焦/千克）	4.48	4.47	5.19
	粗蛋白质/（克/升）	56.00	62.60	62.30

注：1.各配方中可酌情加入炼猪油3～5克。

　　2.矿物质添加剂和维生素添加剂建议购买成品，按说明书上的用量添加。

三、哺乳期仔猪饲料配方特点

在设计哺乳期仔猪饲料配方时，必须要综合考虑哺乳仔猪对饲料的要求，结合其日常生长发育特点，并注意如下问题。

1.参考标准，科学设定营养需求量

目前，国内地方养殖猪种中有很多优良品种，加上不断的品种改良，优秀的杂交品种更是多样化发展。而针对这些品种的营养需求量差异也相当显著，在饲料配方设计中，必须要参考饲喂标准，同时要注意此阶段养殖特点，科学配方。在选择标准时，应考虑到参考标准是相对的，必须要结合实际进行多次修正确定。

2.根据补料目的，科学选择饲料原料

仔猪自哺乳期向保育期过渡，是消化器官快速增长发育的关键时期。此时进行补料的目的在于诱食和刺激消化器官快速发育。因此，此时饲料的选择必须要确保适口性和有效刺激胃肠发育。同时，哺乳期仔猪的消化系统正在不断完善，逐步实现由母乳向饲料的过渡，适口性、消化性好的饲料更有利于仔猪的生长

发育。

总之，适口性好、营养价值高、低成本是饲料选择的必要条件，三者同等重要。但是，由于此阶段仔猪生长发育以母乳为主，进食量还比较少，原料成本低可作为次要考虑因素，更应该重视饲料的适口性和营养性。

3.根据发育特点，适宜选择饲料添加剂

仔猪断乳之后，饲料逐渐替代母乳，生理营养供给产生很大的变化，如胃酸不足、消化酶不足、微生物有益菌群少、免疫力低下等，都会影响仔猪的营养吸收。由此，必须要根据发育特点，科学选择酸化剂、酶制剂、微生态制剂等饲料添加剂，实现仔猪的健康生长发育。但是，由于这些饲料添加剂在改善仔猪消化功能和健康程度上尚存在不确定因素，使用过程中必须要探讨添加量和实际效果之间的关系，根据自己的养殖情况合理选择添加种类和添加比例。

第四章　断乳仔猪的饲养管理

断乳仔猪一般是指3～5周龄断乳到10周龄左右的仔猪。断乳是仔猪生活条件发生的第二次巨大转变，一是仔猪由原来依靠母乳及部分饲料维持生长需要，转为全部依靠饲料维持生长；二是仔猪独立生活失去母仔共居的温暖环境的开始；三是其他生活环境也发生了变化。断乳是仔猪出生后第二次大的应激，此期如果饲养和管理不当，往往导致仔猪增重缓慢，甚至患病和死亡。因此，生产上应根据断乳仔猪肠道结构功能变化的原因，确定适宜断乳日龄、采取适当的断乳方法，完善营养，加强饲养管理，保证仔猪的健康与增重。

第一节　仔猪断乳时间选择

一、断乳时间

仔猪的断乳时间应根据母猪和仔猪的生理特点，以及饲养管理条件和养猪者的管理水平而定。一般来说，仔猪断乳越晚，对断乳应激的抵抗力就越强，我国传统的养猪生产方式多在仔猪生后50～60日龄断乳。随着养猪生产水平的提高，仔猪的哺乳时间逐渐缩短，母猪的生产效率不断提高。从20世纪70年代至今，瘦肉型猪的断乳时间从60日龄、50日龄、42日龄、35日龄逐步提前至28日龄、21日龄。

从母猪的生理特点及提高母猪利用强度的角度考虑，仔猪的断乳年龄越小，母猪的利用强度越大。但一般母猪产后子宫复原大约需20天左右，在子宫未完全复原时配种，受胎率低，胚胎发育受阻，死亡增加。从仔猪的生理特点考虑，当体重达到5千克以上或28～35日龄时，仔猪已利用了母猪泌乳量的60%以上，自身的免疫能力也逐步增强，仔猪已能通过饲料获得满足自身需要的营养。从饲养管理角度考虑，仔猪的断乳日龄越早或断乳体重越小，要求的饲养管理条件越高，但仔猪在28～35日龄时所需的饲养管理条件和饲养技术已和56日龄仔猪相近，只要在饲养管理技术上尤其是饲料条件上稍加完善，即可实行28～35日龄早期断乳，最迟不宜超过42日龄，但饲养管理措施一定要跟上。

二、早期断乳

仔猪60日龄断乳属自然断乳，因为60日龄后母猪分泌的乳汁已经很少了。35～40日龄为断乳比较好的时期，因为此时母猪正处于泌乳减少阶段，仔猪已不能靠乳汁饱腹，而仔猪已可以吃料，胃肠机能能逐渐适应，并且有利于母猪身体恢复，再次发情、配种。35日龄前断乳为仔猪早期断乳，即科学断乳。养猪业较先进国家都已采用21～28日龄断乳，以21日龄断乳为多。早期断乳已成为提高母猪年生产力的一个重要途径。母猪应是仔猪的生产者，而不应是作为仔猪营养的供给者，较先进国家已把对母猪的遗传选择重点从泌乳力转向繁殖力。

三、仔猪早期断乳优点

早期断乳不仅可行而且对促进全窝仔猪均匀生长，提高断乳成活率，保持泌乳母猪良好膘情，缩短空怀期增加繁殖指数等均有显著成效。主要有以下优越性。

① 早期断乳缩短了母猪泌乳期，减少母猪体重损失，使母猪能获得良好体质。仔猪断乳后，母猪不再经过复膘阶段，可及早发情和提高受胎率。通常母猪年产两胎，母猪的繁殖周期包括断乳至配种的空怀期（3～8天）、妊娠期（114天）和泌乳期（14～60天），一个繁殖周期最长183天。除妊娠期基本是不变的外，空怀期和泌乳期是可变的。仔猪早期断乳可以缩短母猪的哺乳期，从而缩短母猪的繁殖周期，增加年产仔窝数，提高母猪的利用强度。假定仔猪30日龄断乳，一个繁殖周期只需153天，即妊娠114天、泌乳30天、发情配种7天，每年可产2.3～2.4胎。若仔猪3周龄断乳，母猪繁殖周期为141天左右，一头母猪年产2.5窝。若8周龄断乳，母猪繁殖周期为174天左右，一头母猪年产2.1窝。仔猪不同断乳日龄对母猪繁殖力的影响见表4-1。

表4-1　仔猪不同断乳日龄对母猪繁殖力的影响

断乳周龄	断乳至发情天数/天	受胎率/%	年产窝数	产活仔数/头	断乳头数/头	年产仔数/头
1	9	80	2.70	9.4	8.93	24.1
2	8	90	2.62	10.0	9.50	24.9
3	6	95	2.50	10.5	9.98	25.4
4	6	96	2.44	10.8	10.26	25.0
5	5	97	2.35	11.0	10.45	24.6
6	5	97	2.22	11.0	10.45	22.5
7	5	97	2.17	11.0	10.45	22.5
8	4	97	2.15	11.0	10.45	21.6

② 早期断乳仔猪在50～60日龄离栏转群时大小匀称、食欲旺盛。由于哺乳母猪泌乳量一般在25日龄后日趋下降，又因母

猪受多种原因影响，如乳头发育不良、泌乳不匀、乳汁不足或哺乳仔猪头数较多、母猪泌乳后期泌乳量缺乏等，往往使部分仔猪在5周龄后的生长发育明显滞缓，随之出现严重馋奶、不爱吃料、时患腹泻现象，整日在母猪身边吊奶奔跑，不得安息，最后成为奶吃不到、料吃不饱、休息又不好的"三头空"乳僵猪。

③ 早期断乳可使仔猪直接利用饲料营养，仔猪直接摄取饲料，使饲料直接转化成体重。仔猪哺乳期间饲料的转化是由料——乳——体重，经过两次转化，饲料利用率只有20%～30%，断乳后变成料——体重，减少了一次转化，饲料利用率可提高到50%～60%，大大提高了饲料利用率。此外，早期断乳有利仔猪胃肠消化功能的增加，促进全期生长发育（尤其在三月龄、四月龄时其生长速度可超过60日龄断乳猪），对全期饲料转化率的提高能起到较大作用。30日龄与60日龄断乳相比，每千克增重节省31%～39%的饲料。不同日龄断乳节省饲料的情况见表4-2和表4-3。

表4-2　不同日龄断乳仔猪头均耗料情况

断乳日龄	母猪耗料 /千克	仔猪耗料 /千克	料重比	
			不含母猪料	含母猪料
60	330.0	20.0	1.00	2.65
35	192.5	23.0	1.15	2.06
28	154.0	25.0	1.20	1.97
21	115.0	27.0	1.25	1.82

表4-3　不同日龄断乳仔猪头均饲料成本

断乳日龄	母猪耗料		仔猪耗料		饲料总成本费/元
	料量/千克	料费/元	料量/千克	料费/元	
60	33.0	29.70	20.0	26.00	55.70
35	19.2	17.30	23.0	29.90	47.20
28	15.4	13.86	25.0	32.50	46.40
21	11.5	10.35	27.0	36.50	45.45

注：母猪料每千克0.9元，仔猪料每千克1.3元。

④ 早期断乳的仔猪开食早，对饲料有较强的适应能力。这对缩短育肥期有重要影响。断乳时，根据仔猪对营养的需求配制全价营养日粮，可使仔猪生长均匀，减少弱猪、僵猪的出现比例。

⑤ 由于缩短了母猪泌乳期和断乳后的再次转情期，可减少母猪饲料消耗。一年内仔猪 3 周龄断乳的母猪比 8 周龄断乳的母猪少吃 200 千克以上的饲料。提早断乳可使饲料用量大为减少。尽管提早断乳的仔猪需要多吃饲料，但这比养母猪省下来的饲料少得多。实践证明，仔猪 3 周龄断乳饲养到 20 千克所需饲料加母猪所用饲料与仔猪 6 周龄断乳饲养到体重达 20 千克所需饲料加母猪所用饲料相比，可节约 20% ～ 25% 的饲料用量。

四、仔猪早期断乳应具备的条件

仔猪出生3周后初步具备了从饲料中获得营养物质的能力。此时母猪的泌乳量达到高峰，以后逐渐下降，而仔猪营养需要量逐日升高，单依靠母乳已不能满足仔猪的营养需要。仔猪3周断乳在理论上是可行的，而且在一些养殖场也已实现。但在条件一般的养猪场3周龄的仔猪体重小，平均只有5千克左右，有些仔猪体重不足4千克；而且3周龄的仔猪大部分都不会主动采食固体饲料。此时断乳仔猪应激较严重，容易出现消瘦、腹泻，甚至死亡。而哺乳4周后，仔猪平均体重能达到6.5千克以上，大部分仔猪能主动采食，此时断乳应激较小。因此，早期断乳能提高母猪的繁殖效率，最好是在能满足以下条件的前提下，仔猪断乳时间越早越好。

① 仔猪平均体重达到6千克，体重低于4千克的个体不适合断乳。

② 70%以上的仔猪能主动采食固体饲料。

③ 有保温条件好的栏舍和优质断乳仔猪饲料。饲养条件较好的规模化养猪场应采取3～4周断乳，条件稍差的养猪场应采取4～5周断乳。

④ 为了让仔猪尽早达到断乳标准，还必须加强种猪的饲养管理，广泛开展杂交，及时淘汰病、老种猪，改善饲养环境，切实抓好疾病的预防和保健工作，对仔猪及早补料，及时将弱小仔猪进行寄养。

第二节　仔猪断乳方法

仔猪若断乳不当，不仅影响其生长发育，易形成僵猪，严重的还会引发疾病造成死亡。因此，采用科学方法给仔猪断乳，可使仔猪生长健壮，并减少母猪乳房疾病的发生，提高养猪经济效益。

仔猪断乳的方法直接关系到仔猪的生长发育，是减少仔猪断乳后生长障碍、预防和消除疾病的侵入、提高断乳仔猪的成活率、获得最好的日增重、奠定育肥猪生产良好的基础。仔猪断乳方法有很多，但在断乳的过程中，不管采用什么方法，都要逐渐进行从而使仔猪和母猪都有个适应过程。在实际生产中不论采用哪种方法断乳，都应根据猪的品种、母猪的膘情及泌乳量、仔猪的用途及补料情况等灵活掌握，并且做好断乳前的准备工作。

① 断乳前1周，要逐渐减少母猪的饲料量，并适当减少饮水，使泌乳量逐步降低，防止母猪发生乳腺炎等疾病。

② 尽早让仔猪开食，断乳前喂给仔猪饲料，并在仔猪饲料中掺入适量的优质干草粉，锻炼仔猪的粗饲能力，以便于其在断乳后能有一个较大的食量和较强的消化能力。

③ 在断乳期间应让仔猪先吃食后哺乳，使仔猪饱食后对母

乳不依赖，这样容易断乳。

一、一次断乳法

又称果断断乳法。农村养猪常常采取一次断乳法，即哺乳达60日龄时，断然将母猪与仔猪分开。母猪哺乳时间长，断乳突然，仔猪易出现抢食、过饱、腹泻等，不利于生长发育。仔猪易因食物及环境的突然改变而引起消化不良、起居不安等，生长会受到一定程度的影响，绝大多数有失重表现。同时，又易使泌乳较充足的母猪乳房胀痛、不安，甚至引发乳腺炎。因此，这种方法于母仔均有不利影响。但该方法简单，工作量小。为减少母猪发生乳腺炎的可能性，使用一次断乳法时，应于断乳前3天左右减少母猪的精饲料、青饲料及水的供给量，以降低泌乳量，同时应加强母猪及仔猪的护理。

二、逐渐断乳法

又称安全断乳法。一般在仔猪预定断乳日期前4~6天，把母猪赶到另外的圈舍或运动场与仔猪隔开，然后每天定时放回原圈，其哺乳次数逐日递减。如第1天哺乳4~5次，第2天3~4次，第3天2~3次，第4天1~2次，第5天完全隔开。这种方法可避免仔猪和母猪遭受突然断乳的刺激，适于泌乳较旺的母猪，尽管工作量大，但对母仔均有益，故被一般养猪场（户）所采用。

5日断乳法，即断乳的第1天哺乳5次，夜间母仔同居，断乳第2天哺乳4次，夜间母仔同居，断乳第3天哺乳3次，夜间母仔同居，断乳第4天哺乳2次，夜间母仔同居，断乳第5天哺乳1次，夜间母仔分居，把母猪赶出，母仔不见面，仔猪留在原圈饲养。断乳期应注意减少母猪饲喂量和饲喂次数，如乳房过胀，应

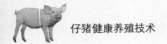

人工挤乳，以防止母猪发生乳腺炎。

三、分批断乳法

又称先强后弱断乳法。根据仔猪体质强弱、个体大小、采食情况及用途区别对待，分批陆续断乳。一般将发育好、食欲强或拟作育肥用的仔猪先断乳，而体质弱、个体小、食欲差或拟留作种用的后断乳，适当延长哺乳期，以促进其发育。先断乳仔猪所留的空乳头，应让所留下的仔猪吸食，以免母猪发生乳腺炎。此法的缺点是断乳期长，优点是可使整窝仔猪都能正常地生长发育，兼顾弱小仔猪和拟留作种用的仔猪，避免出现僵猪。

四、间隔断乳法

仔猪达到断乳日龄（45～60日）后，白天将仔猪留在原圈，把母猪赶到别的圈饲养，让仔猪独立采食。晚上母仔同栏，让仔猪吸食部分乳汁。这样，仔猪既不会因环境改变而惊惶不定，影响生长发育，又可达到断乳的目的，母猪也不会发生乳腺炎。

第三节　断乳仔猪的营养需要

断乳仔猪处于快速的生长发育阶段，一方面对营养需求特别大，另一方面消化器官机能还不完善。断乳后营养源由母乳完全变成了固定饲料，母乳中的可完全消化吸收的乳脂、蛋白质由谷物淀粉、植物蛋白所代替，并且饲料中还含有一定量的粗纤维。仔猪对饲料的不适应是造成仔猪腹泻的主要原因之一，因此，满足断乳仔猪的营养需求对提高猪场经济效益极为重要。

仔猪断乳后，肌肉、骨骼生长十分旺盛，因此需要丰富的营养物质。

1. 能量需要

饲养标准规定，10～20千克的断乳仔猪每日每头需消化能12.59兆焦，由于仔猪食量较少，要求日粮中所含消化能水平要高，10～20千克仔猪每千克日粮中的消化能不低于13.85兆焦。刚断乳的健康仔猪（特别是断乳的最初几天）因不能有效利用油脂来满足其蛋白快速沉积，日粮中添加脂肪的作用有限。因此，为获得最佳生产性能，需要为刚断乳仔猪以可利用碳水化合物（乳糖、葡萄糖、蔗糖等）的形式提供能量。断乳仔猪每日每头营养需要量参见第三章表3-2、表3-3中10～20千克仔猪需要量。

2. 蛋白质和氨基酸的需要

断乳仔猪肌肉生长十分快速，蛋白质代谢也旺盛，为此必须供给充足而优质的蛋白质饲料。10～20千克仔猪日粮中应含有粗蛋白质19%，20～60千克生长育肥猪日粮中分别含粗蛋白16%。赖氨酸是猪的第一限制性氨基酸。早期隔离断乳猪日粮中，其赖氨酸的需要量为1.65%～1.8%。断乳仔猪氨基酸需要量参见第三章表3-4、表3-5中10～20千克仔猪需要量。

3. 矿物质需要

仔猪在断乳后，骨骼发育非常迅速，必须供给充足的矿物质，主要是钙、磷。饲料中一般钙、磷含量不足，因此，日粮中必须另外补加。实际生产中，需要添加的矿物元素包括钙、磷、钠、氯、铜、碘、铁、锰、硒和锌。奶制品中因含有较高的钠，因此，保育猪料应减少盐的用量。10～20千克仔猪饲料中应含钙0.64%、磷0.54%，钙与磷的比例为（1.5～2）∶1。每千克日粮中含铁与锌各78毫克，碘与硒各0.14毫克。断乳仔猪矿物质需要量参见第三章表3-6、表3-7中10～20千克仔猪需要量。

4. 维生素需要

骨骼与肌肉的生长都需要维生素参与代谢过程，特别是维生

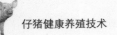

素A、维生素D、维生素 E等较为重要。早期隔离断乳仔猪日粮添加的维生素包括脂溶性维生素（维生素A、维生素D、维生素E、维生素K）、B族维生素（维生素B_2、烟酸、泛酸、维生素B_{12}、胆碱、生物素、叶酸、维生素B_1）和维生素 C（一般在保育料中添加）。断乳仔猪维生素需要量参见第三章表3-6、表3-7中10～20千克仔猪需要量。

青绿多汁饲料不仅适口性好、易消化，营养价值较高，且富含维生素。因此，在断乳仔猪日粮中应补充适量品质好的青绿多汁饲料，但不能过多，否则会引起仔猪拉稀。另外，让仔猪多晒太阳，以获得维生素。

5.水的需要

水质和水流影响饮水量，进而影响采食量以及生产性能。推荐保育阶段乳头饮水器给水的最小流速是570毫升/分钟。

第四节　断乳仔猪的饲养管理方法

在饲养管理中如果仔猪断乳后出现掉膘、减重、体质变弱，会使生长发育受到阻碍，严重者变成僵猪，甚至造成大批死亡，这是生产上较普遍存在的一个问题，对培育后备猪和育肥效果极为不利。因此，抓好断乳仔猪的饲养管理工作是非常重要的。为了养好断乳仔猪，过好断乳关，要做到饲料、饲养制度及生活环境的"两维持，三过渡"，即维持在原圈管理和维持原哺乳期饲料，并逐渐做好饲料、饲养制度及环境的过渡。

一、"两维持，三过渡"制度

1.维持原圈

仔猪断乳后的1～3天很不安定，经常嘶叫并寻找母猪，夜间更重。为了稳定仔猪的不安情绪，减轻仔猪断乳后因失掉母猪和母仔共居环境而引起的不安应激，最好采取母猪调出另圈饲养、仔猪原圈饲养培育法。有的规模养猪场采取仔猪断乳后立即转入仔猪培育舍，转群需要重新分群时，按其体重大小、强弱进行并群分栏，同栏群仔猪体重相差不应超过 1.2 千克。合群仔猪可能会出现咬斗、咬尾或咬耳等现象，可进行适当的看管防止咬伤，也可在猪栏上绑几个铁环供其玩耍。

2. 维持原料

维持原哺乳期饲料于断乳后15 ～ 21天内，仔猪饲料配方必须保持与哺乳期补料配方相同，以免突然改变饲料降低仔猪食欲，引起胃肠不适和消化机能紊乱。

3. 饲料过渡

仔猪断乳后，要保持原来的饲料半个月内不变，以免影响食欲和引起疾病，以后逐渐改变饲料，断乳仔猪正处于身体迅速发育的生长阶段，需要高蛋白质、高能量和含有丰富的维生素、矿物质的日粮，应限制含粗纤维过多的饲料，注意补充添加剂。

4. 饲养制度过渡

仔猪断乳后半个月内，每天饲喂的次数比哺乳期多1 ～ 2次。这主要是加喂夜餐，以免仔猪因饥饿而不安。每次喂量不宜过多，以七八成为度，使仔猪保持旺盛的食欲。

5. 环境过渡

仔猪断乳的最初几天，常表现出精神不安、鸣叫，寻找母猪。为了减轻仔猪的不安，最好将仔猪留在原圈，也不要混群并窝。到断乳半个月后，仔猪的表现基本稳定时，再调圈并窝。在调圈分群时，要根据性别、个体大小、吃食快慢等进行分群。应让断乳仔猪在圈外保持比较充分的运动时间，圈内也应清洁、干燥、冬暖夏凉，并进行固定地点排泄的调教。

二、断乳仔猪的饲喂

1.喂料

保育猪以自由采食为主，不同日龄喂给不同的饲料。当仔猪进入保育舍后，先用原乳料饲喂1周左右，以减少饲料变化引起应激，然后逐渐过渡。换料采用渐进性过渡方式，即第1次换料25%，第2次换料50%，第3次换料75%，第4次换料100%，每次时间3天左右。饲料要妥善保管，以保证到喂料时饲料仍然新鲜。料槽中的饲料吃完后再加料，且每隔3天清洗1次料槽。

2.饮水

仔猪刚转群到保育舍时最好供给温开水，以后逐渐饮用自来水。断乳仔猪采食大量饲料后，常会感到口渴，如供水不足或饮污水则引起下痢。保育仔猪供给充足、清洁的饮水，自动饮水器高低应恰当，舍内每栏若饲养10头以上仔猪，应安装2个饮水器，距离50厘米，保证不断水。若无自动饮水器，饲槽内放清洁的水。为了缓解各种应激因素，刚进栏的猪开始1周内，通常在饮水中添加维生素、抗生素等药物，以提高仔猪的抵抗力，降低发病率。

三、断乳仔猪的调教

断乳转群的仔猪吃食、趴卧、饮水、排泄均未形成固定区域，加强调教使其形成良好的生活习惯，既可保持栏内卫生，又为育成、育肥打下良好的基础，方便生产管理。对断乳仔猪细心调教的主要内容是，训练仔猪定点排便、采食、睡卧的"三点定位"。重点是训练定点排粪尿，有利于冬季保持圈内的干燥、清洁与卫生，有利于断乳仔猪的生长发育。方法是将食槽设在栏舍一端，饮水器设在栏舍的另一端，靠近食槽的一侧为睡卧区，靠近饮水器的一侧为排泄区。新转群的仔猪可将其粪便人为放在排泄区，其他区域如有粪尿应及时清理，并对仔猪的排泄进行看管，强制其在指定的区域排泄。1周左右的时间即可使仔猪形成定点睡卧、排泄的条件发射。假如有小猪在睡卧区排泄，要及时把小猪赶到排泄区并把粪便清洗干净。饲养员每次在打扫卫生时，要及时清除休息区的粪便和脏物，同时留一小部分粪便于排泄区。经3～5天的调教，仔猪就可形成固定的睡卧区和排泄区，这样可保持圈舍的清洁与卫生。

四、保育舍环境卫生

卫生不洁是仔猪发生腹泻的主要原因。肮脏的环境为细菌、病毒的繁殖进入猪体内提供了良好的条件，饲养员必须保持保育舍清洁，每天清扫粪便3次，定时冲洗尿液，使断乳仔猪饮用清洁水，工具用完后要及时清洗干净。饲养员的工作服要勤洗勤换，工具、食槽定期消毒，使细菌、病毒失去生存空间。保证保育舍干燥、温暖、痛风。

1.温度

断乳仔猪适宜的环境温度是22～30℃，新断乳仔猪的环境温度应与其在产房时的环境温度一致，视猪群的动态逐渐降至所需温度。各地可根据具体情况，必要时可在保育舍内安装取暖设备，农村常用的有煤火炉、热火墙等，取暖效果都不错。最好是用250～300瓦红外线灯泡。保育猪最适宜的环境温度，21～30日龄为28～30℃，31～40日龄为27～28℃，41～60日龄为26℃，以后温度为24～26℃。

2.湿度

断乳仔猪适宜的相对湿度为65%～75%，湿度过大会增加寒冷或闷热对仔猪的不良影响。潮湿有利于病原微生物的滋生繁殖，可引起仔猪的各种疾病。一般仔猪保育舍配制专用仔猪培育床，对防潮效果最理想。农村比较简单而又适用的是加工木制仔猪床，床的下部四边用砖头抬高10厘米左右，防潮湿效果也不错。

3.通风

通风是消除保育舍内有害气体和增加新鲜空气的有效措施。但因保育舍强调保温，门窗关闭较严，很容易造成圈舍内空气中的氨气、硫化氢等有害气体增多，对仔猪毒害较大，容易引起仔猪呼吸道疾病发生。因此，要根据猪舍建筑具体情况，不管采用双列式还是单列式，断乳仔猪舍在中午气温高的时期进行通风换气，保持舍内干燥，定期清扫，以保持舍内清洁卫生，防止蚊蝇滋生，减少有害气体含量。

4.环境卫生

保育舍内一般采用高床饲养，断乳仔猪粪尿直接从网床排入地沟，粪便定期用刮粪板刮出或人工清除，粪尿分离。既保持了仔猪高床的干燥清洁，又减少了环境的污染，同时减少了有害气体的危害。

5.饲养密度

在一定圈舍面积条件下，密度越高，越容易引起拥挤和降低饲料利用率，空气质量也相对较差，猪容易发生呼吸道疾病。如果仔猪群体过大或每头仔猪占地面积太小，以及饲槽太少，很容易引起争斗，这样由于休息不足、采食量不够，影响仔猪的生长发育。但在冬春寒冷季节，若饲养密度过小，会造成小环境温度偏低，影响仔猪生长。断乳仔猪的占地面积为每头0.5～0.8平方米较好，每群一般以10头左右为宜，并设有足够的食槽与水槽，让每头仔猪都能吃饱饮足，不发生争食现象。

保育舍实行全进全出制度。仔猪进舍前2～3天，首先要把保育舍冲洗干净，将舍内所有栏板、饲料槽拆开后冲洗，舍内的天花板、墙壁、窗户、地面、水管等也要彻底冲洗。同时将下水道污水排放掉，并冲洗干净。然后配备消毒药液对保育舍进行彻底消毒。此外还要修理栏板、饲料槽等，检查每个饮水器是否通水，检查所有电器、电线是否有损坏，检查窗户是否可以正常关闭。

五、预防疾病，合理免疫

由于断乳仔猪的消化功能尚未健全，加上客观原因，如气温冷热突变、阴雨潮湿、饲料变更太急或霉烂或油脂成分太高、饮污水、病原微生物感染以及肠道寄生虫等因素的影响，极易造成仔猪腹泻。为有效防止仔猪腹泻的发生率，除了注意卫生、加强饲养管理外，平时可以在饲料中添加抗生素或磺胺类药物，增强机体抵抗力；还可添加亚硒酸钠或维生素 E 等以减少仔猪水肿病的发生率。同时，根据本场的实际情况和猪只免疫抗体水平高低制定合适的免疫程序，及时对仔猪进行免疫注射；在转群前还要用高效、安全、广谱的抗寄生虫药物进行驱虫。

1. 搞好卫生

每天都要及时打扫断乳仔猪的粪便。保育舍要保持干燥，尽量少用水冲洗。如潮湿，可撒些生石灰或煤灰。

2. 消毒

在消毒前首先将圈舍彻底清扫干净，包括猪舍门口、猪舍内外走道等。消毒包括环境消毒和带猪消毒，要严格执行卫生消毒制度。猪舍门口应设消毒池。冬季趁天气晴朗暖和时进行消毒，防止仔猪受凉。消毒药要交替使用，以避免产生耐药性。

3. 驱虫

驱虫对象主要包括疥螨、虱、线虫（主要是蛔虫）等体内

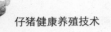

外寄生虫。驱虫时间以 35～40 日龄为宜。体内寄生虫用阿维菌素按每千克体重 0.2 毫克或左旋咪唑按每千克体重 10 毫克计算用量，拌料于早晨喂服，隔天早晨再喂 1 次。体外寄生虫用 12.5% 的双甲脒乳剂喷洒猪体。注意驱虫后要将排出的粪便彻底清除，并作妥当处理，防止粪便中的虫体或虫卵造成二次污染。

4.疫苗免疫

免疫注射时，一定要先固定好仔猪，然后在准确的部位注射，不同类的疫苗同时注射时要分左右两边注射。每栏仔猪要挂上免疫卡，记录转栏日期、注射疫苗情况，免疫卡随猪群转移。此外，不同日龄的猪群不能随意调换，以防引起免疫混乱。免疫对象主要是猪瘟、伪狂犬病以及口蹄疫等。出现免疫副反应的猪要放在空圈内，防止其他仔猪挤压和踩踏，等过一段时间即可慢慢恢复过来。若出现严重过敏反应，则肌注肾上腺激素进行紧急抢救。

仔猪的断乳期特点是仔猪体质不强，离开母体保护，营养供给由母乳转为饲料等，多方面的不利因素要求饲养者在对仔猪进行断乳的时候要给予仔猪更加精心的饲养管理，帮助仔猪顺利度过断乳期，以便实现仔猪的健康生长。饲养员除了做好每天的卫生清扫外，还要仔细观察每头猪的饮食、饮水、体温、呼吸、粪便、精神状态等状况，并辅助兽医做好疫苗免疫、疾病治疗和 70 日龄称重等常规工作，以及饲料消耗情况、死亡猪的数量及耳号，做好相关的记录和上报工作。对病弱仔猪最好隔离饲养，单独治疗，这样一方面保证病弱仔猪的特殊护理需要，另一方面可以防止疾病的互相感染与传播。

第五节　断乳仔猪的饲料配制

断乳仔猪的饲料要根据断乳仔猪的营养需要特点来配制，掌握断乳仔猪料的配制技术及其特点，在选用一些原料时考虑的原则是供应稳定品质，保证价格适中。

一、能量饲料的选择

1.玉米

玉米品质要求无发霉现象，破碎粒要少。最好使用50%左右（占所用玉米）的膨化玉米，但不能使用太多，否则猪容易黏嘴（对颗粒料而言），进而影响适口性。膨化玉米目前没有标准，膨化玉米糊化率达88%以上就可以。玉米破碎粒度直径为2.0毫米即可（直径1.0毫米以下最好不超过20%）。其次可选用一些小麦，使用量不超过10%，可不用另加小麦酶制剂。

2.乳清粉、乳糖、蔗糖

乳清粉、乳糖、蔗糖也是断乳仔猪料优质能源，使用乳清粉实质就是使用乳糖，因而乳糖含量很重要，其中乳源蛋白的作用很好，但没有乳糖重要；蔗糖不仅可提供能量，还可以改善适口性，断乳仔猪对蔗糖有偏爱，其效果优于糖精钠制品。在使用这些原料时要经调质混匀，这些原料属于热敏性原料，容易焦化，焦化对猪适口性有负面作用。

3.油脂

对断乳仔猪来说，最好的油脂是椰子油，其次为大豆油、玉米油、猪油、牛油、鱼油。椰子油成本较高，大豆油是比较实际的选择。在使用一定量的膨化大豆后，可不用油脂。使用油脂时一定要测定品质，杂质、水分、碘价、酸价、过氧化值是必须测定的指标。

二、蛋白质饲料的选择

消化率是蛋白原料选择的第一标准，其次是良好的氨基酸比例和含量，其中重点考虑的氨基酸有赖氨酸、含硫氨基酸、苏氨酸、色氨酸和组氨酸。因此在选择蛋白原料时，最好选择上述氨基酸含量较高且配比合理的原料。同时由于断乳仔猪采食量的限制，所以要尽量寻找高营养素含量的蛋白质原料，以节约空间。在采食量有限的前提下，尽可能地为断乳仔猪提供营养浓度含量高且消化性好的日粮，从而保证其在仔猪阶段尽可能获得理想的日增重，为全程效益打下基础。

1.大豆类制品

大豆类制品是目前最丰富的蛋白质来源，然而因其加工工艺不同，乳仔猪饲料中豆制品蛋白的可选择性较多，膨化大豆、豆粕、大豆分离蛋白、大豆浓缩蛋白、发酵豆粕等均是非常好的蛋白质饲料原料。

2.乳源蛋白

一般作为饲料蛋白来源的主要是高蛋白含量的乳清粉和乳清浓缩蛋白，它的消化率和氨基酸组成仅次于血浆蛋白粉。如果单纯以蛋白质含量计算，价格不低于血浆蛋白粉。现在多用作人类食用，供应量又相对有限，所以无法在饲料中大量应用。

3.血浆蛋白粉

血浆蛋白粉在可消化吸收率、氨基酸组成以及降解产生小肽的速度方面都具有优势，是优质的断乳仔猪蛋白质原料。尤其对于同源血浆蛋白粉，由于其本身就含有丰富的小肽，而且在氨基酸组成上与猪的接近，所以效果更好。但由于同源性疾病存在的可能性，对该类原料的使用要谨慎。另外其价格昂贵，供应不稳定也限制了使用正常化，并且用量要达到3%，才有显著效果。

4.肠绒蛋白

肠绒蛋白也是断乳仔猪蛋白质的优质来源，与血浆蛋白粉合用效果很好。肠绒蛋白不仅提供优质蛋白，还可以防止断乳应激伤害断乳仔猪肠道黏膜。同样，出于同源性疾病的考虑，使用也要小心。目前只有美国进口的可以用，其价格也偏高。

5.鱼粉

鱼粉应是优质的蛋白原料，使用时一定要测新鲜度，鉴别掺假的程度及检测理化指标。由于鱼粉品质较难控制，建议用量控制在2%以下。

三、饲料添加剂的选择

1.酸化剂

早期断乳仔猪饲料中添加酸化剂的好处：一是酸含激活消化酶，促进饲料在胃中消化；二是降低胃液pH值，抑制病菌的生长，促进有益菌种的繁殖，减少抗菌药用量，预防腹泻，提高饲料转化效率。具体可用以下几种酸化剂。

① 柠檬酸。添加量为10～20克/千克日粮，促进仔猪生长效果明显。

② 延胡索酸。可改善仔猪日粮的适口性，减少仔猪腹泻发病率和死亡率，添加水平为10～20克/千克日粮。

③ 甲酸钙。添加量占日粮的1.0%～1.5%，可减少仔猪下痢，提高饲料转化率和仔猪的生长速度。

④ 乳酸。添加量为日粮的1%。为增加日粮的酸化效果，多将0.5%的柠檬酸与0.5%乳酸混合成有机酸复合物添加到仔猪日粮中，实践证明，较单纯添加这两种酸，能较大幅度地降低仔猪胃的pH值，维护消化道最适酸化环境。

2.抗生素

仔猪断乳时，母体抗体供应停止，同时断乳应激导致仔猪免疫力下降，极易下痢。常用的预防仔猪下痢和促生长的药物有喹乙醇 [（50～100）×10^{-6}]、土霉素 [（50～55）×10^{-6}]、金霉素

$[(10 \sim 55) \times 10^{-6}]$、盐霉素 $[(500 \sim 600) \times 10^{-6}]$。进口药物有卡巴得 $[(50 \sim 60) \times 10^{-6}]$、诺必达 $[(250 \sim 300) \times 10^{-6}]$（$25 \sim 30$ 毫克/千克）。抗生素可单用或合用。使用抗生素时，为避免产生抗药性与耐药性，常多种抗生素轮流使用。

3.调味剂

仔猪断乳前采食的是液态、奶油香味的母乳，断乳后仔猪完全采食颗粒饲料。因此必须在饲料中添加仔猪所嗜好的甜味、乳香味和鲜味类调味剂。断乳仔猪料中添加调味剂的好处：一是诱食；二是掩盖饲料中的药味及某些原料（如鱼粉、酵母粉、饼类等）的不适味道，从而改善饲料的适口性，增加饲料的母乳香味，提高采食量；三是刺激唾液和酶分泌，培养仔猪早期对固体饲料的味觉嗜好；四是较强且久的乳香型可提高产品的质量档次，增强市场竞争力。添加量占日粮的0.05%的乳香素效果较为理想。

4.酶制剂

仔猪在4周龄断乳时，各种消化酶（胃蛋白酶、胰淀粉酶、胰蛋白酶、脂肪酶和糜蛋白酶）活性急剧下降，需2周才能恢复至断乳前水平。为助消化，有必要添加酶制剂。由于断乳仔猪料制粒温度不会高于80℃，很多酶制剂可以使用。复合酶的效果优于单一酶制剂（植酸酶除外）。

5.高铜高锌添加剂

使用高铜时，不要使用高锌；相反，使用高锌时也不需要用高铜，高铜、高锌的剂量忌用过高，否则会造成环境污染和畜产品污染。

四、断乳仔猪配合饲料实例

断乳仔猪配合饲料实例见表4-4～表4-8。

表4-4　早期断乳仔猪日粮配方

配方编号	1	2	3	4	5	6	7	8
	7～35（日龄）	35～63（日龄）	3～36（日龄）	5～44（日龄）	44～59（日龄）	5～59（日龄）	7～75（日龄）	75～120（日龄）
玉米	20.0	40.0	40.0	20.0	20.0	22.0	35.5	30.0
小麦	31.0	18.0	13.5	—	—	—	—	30.0
大麦	—	—	—	—	—	—	25.0	—
炒大豆粉	10.0	6.0	—	5.0	5.0	—	—	—
豆饼	15.0	15.0	15.0	20.0	20.0	35.0	15.0	15.0
鱼粉	12.0	9.5	10.0	4.0	4.0	—	8.0	5.0
麦麸	—	—	5.0	4.4	4.4	15.0	15.0	10.0
高粱	—	5.0	10.0	13.0	13.0	20.0	—	—
大米糠	—	—	—	—	5.0	5.0	—	8.5
小米	—	—	—	18.0	16.0	—	—	—
砂糖	5.0	—	—	3.0	—	—	—	—
槐叶粉	1.5	2.0	2.0	—	—	—	—	—
干酵母	3.5	2.8	3.0	11.0	11.0	—	—	—
淀粉酶	0.5	—	—	—	—	—	—	—
胃蛋白酶	0.5	0.2	—	—	—	—	—	—
骨粉	0.7	1.0	1.0	1.0	1.0	1.0	—	1.0
蛋壳粉	—	—	—	—	—	—	1.0	—
贝粉	—	—	—	0.6	0.6	1.0	—	—
食盐	0.3	0.5	0.5	—	—	1.0	0.5	0.5
总计	100	100	100	100	100	100	100	100
消化能/（兆焦/千克）	14.31	14.31	14.12	13.94	14.31	12.55	13.58	13.37
粗蛋白质/%	22.90	20.00	19.10	—	—	—	—	—
粗纤维/%	2.46	2.41	2.54	2.53	2.91	3.95	—	—
钙/%	7.38	7.39	7.60	8.07	8.20	9.01	—	—
磷/%	5.23	5.46	5.76	5.67	6.41	7.42	—	—

（饲料配合比例/% 对应上部行；营养成分 对应下部行）

续表

配方编号	1	2	3	4	5	6	7	8
	7～35（日龄）	35～63（日龄）	3～36（日龄）	5～44（日龄）	44～59（日龄）	5～59（日龄）	7～75（日龄）	75～120（日龄）
营养成分 赖氨酸/%	1.33	1.17	1.08	—				
蛋氨酸+胱氨酸/%	0.79	0.68	0.70	—				

注：配方1～3为中国农科院畜牧研究所配制，配方4～6为吉林省农科院畜牧研究所配制，配方7～8为湖北省农科院畜牧研究所配制。

表4-5 早期断乳仔猪各阶段日粮配方

配方区分		10日龄前	11～21日龄	22～28日龄	29～57日龄
饲料配合比例/%	鱼粉（进口）	5.00	5.00	3.50	2.50
	大豆粕	11.00	12.50	18.00	24.00
	次粉	2.60	3.00	2.00	3.00
	乳清粉	18.00	17.00	10.00	3.00
	牛奶乳清80	6.00	5.00	2.00	—
	玉米	33.29	37.85	48.15	56.00
	贝壳粉	0.40	0.20	0.20	0.20
	多种氨基酸	1.11	0.65	0.45	0.35
	植物油	3.00	3.00	3.00	3.00
	食盐	—	—	0.20	0.15
	膨化大豆	6.00	7.00	7.00	4.00
	肠膜蛋白粉	4.50	2.50	2.00	1.50
	血浆蛋白粉	6.50	4.00	1.50	—
	预混料	2.30	2.00	2.00	2.30
	氧化锌	0.30	0.30	—	—
	合计	100.00	100.00	100.00	100.00
营养成分	消化能/（兆焦/千克）	14.60	14.64	14.56	14.27
	粗蛋白质/%	20.60	20.66	19.89	19.60
	钙/%	0.90	0.85	0.74	0.78
	有效磷/%	0.58	0.53	0.44	0.43

注：引自广西大学动物科技学院、广西农垦永新畜牧有限公司等《养猪》2003年6期。

表4-6　早期断乳仔猪饲料配方

	配方编号	1	2	3	4
饲料配合比例/%	玉米	38.0	49.0	58.0	66.0
	豆粕	10.0	16.0	18.0	25.0
	鱼粉	5.0	5.0	6.0	2.0
	乳制品	30.0	20.0	10.0	—
	油	3.0	3.0	3.0	3.0
	喷雾血浆粉	7.0	—	—	—
	添加剂	7.0	7.0	5.0	4.0
	合计	100	100	100	100
营养成分	消化能/(兆焦/千克)	14.31	14.27	14.43	14.02
	粗蛋白/%	21.30	19.60	19.40	18.10
	赖氨酸/%	1.54	1.45	1.38	1.10
	蛋氨酸+胱氨酸/%	0.78	0.76	0.68	0.66
	钙/%	0.90	0.93	0.87	0.87
	磷/%	0.75	0.75	0.74	0.72

注：添加剂包括多种维生素、微量元素、磷酸氢钙、磷酸钙、氨基酸、抗生素、酶制剂、酸味剂等。

表4-7　28日龄断乳仔猪饲料配方

	配方编号	1	2	3	4
饲料配合比例/%	玉米	61.30	57.30	52.30	47.30
	豆粕	24.00	24.80	24.80	24.80
	鱼粉	8.50	6.00	6.00	6.00
	乳清粉	—	5.00	10.00	15.00
	棕榈油	3.00	3.00	3.00	3.00
	柠檬酸	1.00	1.00	1.00	1.00
	磷酸氢钙	0.90	0.90	0.90	0.90
	石粉	—	0.70	0.70	0.70
	食盐	0.30	0.30	0.30	0.30
	预混饲料	1.00	1.00	1.00	1.00
	合计	100	100	100	100

续表

配方编号		1	2	3	4
营养成分	消化能/(兆焦/千克)	13.40	13.40	13.40	13.30
	粗蛋白质/%	20.50	20.30	20.20	20.30
	钙/%	0.89	0.88	0.89	0.89
	有效磷/%	0.48	0.46	0.48	0.49
	赖氨酸/%	1.25	1.20	1.20	1.20

表4-8　60日龄断乳仔猪饲料配方

配方编号		1	2
饲料配合比例/%	玉米	42.0	40.0
	小麦	—	18.0
	豆饼	—	15.0
	花生饼	22.0	—
	鱼粉	—	10.0
	豌豆	10.0	—
	蚕豆	10.0	—
	炒大豆	—	6.0
	高粱	—	5.0
	小麦麸	10.0	—
	蚕蛹饼	3.0	—
	酵母粉	—	3.0
	槐叶粉	—	2.0
	骨粉	—	0.7
	磷酸氢钙	1.5	—
	碳酸钙	1.0	—
	食盐	0.5	0.3
	合计	100	100
营养成分	消化能/(兆卡/千克)	3.14	3.24
	粗蛋白/%	21.3	22.6
	消化粗蛋白/(克/千克)	78	190
	粗纤维/%	3.6	2.2
	钙/%	0.88	0.86
	磷/%	0.70	0.70
	赖氨酸/%	0.91	1.31
	蛋+胱氨酸/%	0.89	0.78

第五章 仔猪选购及新购进仔猪的饲养管理

第一节　仔猪选购方法

　　养猪尽量坚持自繁自养，如果必须要引进仔猪时，也要慎重选择。优良的仔猪表现活泼可爱，皮红毛亮，眼亮有神，嘴短唇齐，鼻镜湿润，肩宽背直，后脚直立，尾巴粗短，呼吸自如，叫声洪亮，主动采食。养猪户要买到肯吃、肯睡、肯长、易肥的优质仔猪，最好不要到较远的市场上去购买，容易带进各种传染病，有一定的危险性。如果本村或邻村有繁育专业户，可就近购买；因距离较近，容易了解繁育情况和疫病发生情况，买来的猪比较安全。一般情况下在牲畜交易市场选购时要注意以下几点。

一、选仔猪品种

　　要问清和看好仔猪的品种。猪的品种不同，生长速度、瘦肉率有较大程度的差异，并且对饲喂条件的要求也有一定的差别。土种猪长得慢，生长期长，瘦肉率低，容易饲喂，对饲料要求不高，出售价格较低。瘦肉型杂交猪长得快，瘦肉率高，对饲料的要求较高，出售价格较高；而且杂交猪比纯种猪在日增重、瘦肉率、饲料消耗、育肥期均有优势，因此如要选购育肥仔猪应首选瘦肉型杂交猪。还要了解公猪是否为优良品种（长白猪、约克夏猪等），母猪是否为本地猪（内江猪、荣昌猪等），以充分利用其杂交优势及公母猪的双重优良特性（耐精饲、早熟易肥、出栏快、效益高）。

二、看体质特征

健康仔猪精神活泼好动，站立自然，尾巴不停摆动，反应敏捷，一见生人接近，就会警觉地凝望四周。双眼明亮有神，眼结膜为粉红色，无分泌物，尤其应注意有无泪斑。鼻镜湿润，口色粉红、无肿胀，无黏性分泌物。耳朵大而薄，耳根厚而硬，双耳距离宽。身腰长，前胸宽，嘴短，后臀丰满，四肢粗壮而有力，体长与体宽比例合理，即腰长与体宽、身长与体宽合理比例为3：1，前肩高的猪必然胸部宽大发达，呼吸和血液循环相应旺盛，生长就快，同时肩高腿长架子大育肥快。身体不长而四肢短矮和身体过长而不丰满的仔猪不能买。

三、看食欲强弱

健康猪食欲好，日增重大，喂食时，表现饥饿、乱叫，争先恐后地抢食，吃食有力而快，时间不长就腹部饱满，离槽而去。采食后有规律地饮水；无规律饮水或饮水量过大、不饮水均为病态。最好选购仔猪时喂点饲料，检验看是否为团嘴猪（即嘴型扁大而唇薄），上下嘴唇是否整齐相吻合。这种猪不挑食，从上层吃到下层，先喝稀食后吃干食，如遇到下唇较长者更理想，因这种猪吃食时下颚像瓢一样捞食不拱槽。肯采食的仔猪后脚频频提起。

四、看有无疾病

好猪被毛光滑、整洁，皮肤干净。呼吸深长、平和，气流均匀，呈现胸腹式呼吸。注意观察粪便干湿，是否咳嗽、打蔫。好猪毛顺光亮、活蹦乱跳、招人喜欢。若双手抓住后腿提起，叫声不大；性格不爆，反应迟钝，肯睡肯长，不易受外界影响，易适应新环境。

五、看身形有无缺陷

四腿强健、圆直粗长，大腿肌肉丰满，蹄甲圆厚，蹄叉大而明显。看前肢是否对称，后肢有无撇拉腿，是否腰部平直，长度适中。若选种猪，公猪要选睾丸对称、没有扁坠、大小相等、无隐睾者；母猪要选外阴大小适中、无残损，乳头多而整齐、无假乳头，尾根粗、尾巴短，皮薄，毛顺者。

六、看粪尿颜色

粪成团、成型，尿为淡色或淡黄色者健康，若见仔猪肛门周围和两臀部上部沾有稀粪较多且腥臭，一般是病猪。粪尿为其他形状、颜色均为病态。

七、其他

一是尽量挑选同窝仔猪。养猪者如一次购买几头或更多些仔猪，最好选择同窝的。因为同窝的仔猪不咬架，易养，长得快，省料。二是空腹猪不能买。仔猪腹空，说明采食量少或不食，在有些情况下卖方为了多得收入，在仔猪上市前，会设法让仔猪多吃饲料，以增加仔猪的重量。不能吃食的仔猪，说明它不健康。三是高温猪不能买。购猪时应用手摸仔猪耳根，烫手的多为高温猪。若仔猪眼结膜潮红，喜卧不起，起立时全身

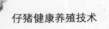

颤抖，体温过高，说明该猪在发病过程中，绝对不能购进。四是腹泻猪不能买，严重者会表现为脱水症状。仔猪反应迟钝，大便干燥，小便发黄，眼窝下凹，卧地不起，这种猪生长缓慢，易发病。

第二节　仔猪运输

一、猪源组织

一车仔猪可装330头左右，要使300多头仔猪同时送到装车地点，首先要在装车前先派出3～5人到各村联系，告诉仔猪养殖户，告诉他们什么时间，将品种合适、重量合适、健康无病的仔猪送到装车地点，然后过称上车。一车要装运多少头，通知送多少仔猪，要胸有成竹。仔猪的适宜重量为12～16千克，仔猪太小，抵抗力弱，途中死亡率高；仔猪太大，装筐困难，也不易出售。从理论上讲，仔猪运输前不宜喂食，但实际中，农户在出售仔猪时都喂得比较饱，且有些是很耐消化的饲料。这种做法对运输没有多大影响，而且减少了仔猪体重损失，使仔猪在长时间的运箱中不致过度饥饿。

二、装车

品种合格、体重合适、健康无病的仔猪，收购以后，每两头一组装入65厘米×45厘米×30厘米的竹筐中，用绳子把筐盖系牢。装车时筐要放平整，筐与筐之间要挤紧，防止运输途中竹筐倾斜压伤仔猪。一层装好以后，筐上要适量放一些长竹片，然后再放上一层，这样可以防止上层压伤下层。最高可以装6～7层。按大小、强弱分别装笼，弱小仔猪放在上面，对其进行精心管理。车装满以后，上面要用绳子或铁丝将竹筐系牢。夏天运输时，底层筐与筐之间要留有空隙，以便通风透气，防止闷热，造成仔猪死亡。雨天或冬天，车厢要盖棚布或彩条编织布。挡风遮雨，防止仔猪受风寒。

三、运输

装车前车辆要事先检修，保持状态良好。仔猪排出部分粪尿后再启运，以保证仔猪免受感染。车装好以后，立即起程，每辆车要有两名司机，交替开车，昼夜兼程，中途要尽量减少停留次数，缩短停留时间。吃饭、休息都要在车上进行。途中，车速不能太快，车要开得平稳，要避免颠簸和突然刹车，防止仔猪相互挤压、相互撕咬。车上要有人押车，随时观察途中仔猪情况，防止竹筐松动、脱落，仔猪逃逸等，途中仔猪不喂水，不喂料。在夏季运输仔猪时应选择阴凉时段，如阴天、夜晚，避开高温天气，运输时盖上遮阴设施，防止猪中暑；上车前，用氯丙嗪按每千克体重3～4毫克肌内注射，另外，应将汽车两侧车厢板放下；途中，每隔4～5小时，对全车由上而下彻底冲洗。

四、卸车

运输车辆到达目的地以后，要尽快组织人员卸车。要用最短的时间将仔猪放出竹筐，进入观察猪圈中，要让仔猪在最短的时间内，先饮上清洁饮水，再吃上适口性好的配合饲料。仔猪放筐时，首先进行喷雾消毒，注射仔猪副伤寒苗和猪瘟苗两种疫苗。放圈以后，首先让仔猪喝到清洁饮水，然后喂给混有土霉素粉等抗生素的配合饲料，饲料拌湿喂给。对有伤、发热、拉痢的仔猪要及时处理治疗。经2～3天，仔猪就可以恢复体重并开始增重。精神良好的仔猪就可以出售或分圈育肥了。

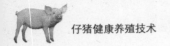

第三节　新购进的仔猪的饲养管理

一、准备工作

1.清粪

在准备进猪前的1个月将猪圈中的猪粪彻底清扫干净，并且用高压水泵将猪圈彻底冲洗干净。

2.火碱泼洒

将猪圈冲洗干净待2～3天晾干后，用4%的火碱溶液，将整个猪圈凡是猪身体能接触到并且有猪粪的地方，浇泼2次，待3天后，用高压水泵将浇泼过火碱的地方彻底冲洗干净，以防仔猪购进后舔食猪圈内异物。

3.喷雾消毒

将用火碱浇泼及冲洗过的猪圈晒3天后，选择3种不同的消毒剂，隔1天全面喷雾消毒1次，消毒剂交替使用，连续进行高浓度消毒3次，待猪圈晒干后，准备进猪。

二、通风保暖

1.保温

冬季天气比较寒冷，仔猪购进前，必须将猪圈温度升到15～25℃。可采取生火炉、电热板及红外线保温灯等措施来提高圈舍的温度。半敞开式猪舍、敞开的猪圈，用塑料薄膜遮盖，薄膜上可再铺上蒲芭或草帘来保温。在15～25℃时，注意购进仔猪后，要通风换气，净化空气。

2.垫料

猪圈中在猪睡觉的地方铺2～3厘米厚的米糠作为垫料，来防止仔猪着地受凉。

三、配料

应选择与购进仔猪时所喂饲料营养水平相当的饲料进行饲喂。为了方便亦可自配饲料（例如玉米70%，麸皮5%，仔猪浓缩料25%），配制后粗蛋白为15.7%左右。因新购进仔猪应激过强，粗蛋白水平不宜过高，否则可能会导致腹泻及水肿病的发生。

四、预防保健

1.预防腹泻及呼吸道疾病

在配料过程中，应添加一些既能防腹泻又能预防呼吸道疾病的药物（例如速康，主要成分为氟苯尼考）。

2.降低应激

在饲料中添加抗应激的一些维生素类营养性药物（例如维力、维补或金维舒，主要成分为各种维生素），以此来降低新购进仔猪的各种不良应激。

3.提高机体免疫力

在饲料中添加能够提高机体免疫功能及抗病毒的中草药（例如蓝圆康泰、黄芪免疫素，主要成分为黄芪多糖），以此来提高机体的免疫功能及抗病毒能力。

4.抗病毒

饲料中添加一些单纯抗病毒的中草药（例如病毒清，主要成分为大青叶、板蓝根等），以此预防病毒性疾病发生。

5.补充能量

饲料或饮水中添加多维葡萄糖或葡萄糖粉，以此来补充新购进仔猪暂时性的能量损失，提高抗病力。

以上药物根据实际情况可连续使用7～15天。

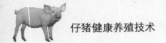

五、饲喂

1. 拌料

建议最好使用湿拌料，其标准以拌成手捏呈团状、撒到地上为散状为宜。

2. 饲喂量

买进仔猪的第1天，先喂给充足的清水。饮水后让仔猪自由活动、排出粪便。待其寻食时投些青绿多汁饲料，以后再逐渐添加精饲料。每天投料量按仔猪体重的4% ～ 5%投料。

3. 饲喂次数

购进仔猪20天内，建议每天将日投料量平均分6次饲喂，20天后逐步过渡到日喂3次，这样少喂勤添非常有利于猪的生长发育，防止饲喂过多时造成腹泻及水肿病的发生。

六、驱虫

新购进仔猪15 ～ 30天后，若无疾病发生，可选择用驱虫药（例如依可胖，主要成分为伊维菌素及芬苯达唑）进行体内驱虫。体外驱虫可选择用螨净或其他体外驱虫药进行体表喷雾。

七、健胃

驱虫以后，选择一些健胃的中药（例如山楂精、健胃消食散）或小苏打进行健胃。

第六章　仔猪的疾病防疫

第一节　仔猪的免疫接种

一、疫苗接种时的注意事项

①　疫苗使用前应检查药品的名称、厂家、批准文号、有效期（失效期）、物理性状、储存条件等是否与说明书相符。仔细查阅使用说明书与瓶签是否相符，明确装置、稀释液、每头剂量、使用方法及有关注意事项，并严格遵守，以免影响效果。对过期、无批号、油乳剂破乳、失真空及颜色异常或不明来源的疫苗禁止使用。

②　注射过程应严格消毒。注射器、针头应洗净煮沸15～30分钟备用，做到一猪一针，防止针头传染。吸取疫苗液时，绝不能用已给动物注射过的针头吸取，可用一个灭菌针头专供吸药用，插在瓶塞上不拔出、裹以挤干的酒精棉花，吸出的药液不应再回注瓶内。接种部位以70%～75%的酒精消毒为宜，以免使用碘酊消毒后脱碘不完全影响疫苗活性。免疫弱毒菌苗前后7天不得使用地塞米松、氯霉素、磺胺类等影响免疫应答

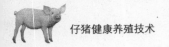

的药物。

③ 注射器刻度要清晰，不滑杆、不漏液；注射的剂量要准确，不漏注、不白注；进针要稳，拔针宜速，不得打"飞针"，以确保疫苗液真正足量注射于肌内。

④ 免疫接种完毕，将所有用过的疫苗瓶及接触过疫苗液的瓶、皿、注射器等消毒处理。

⑤ 做好猪只保定，确保免疫接种更确切可靠。

二、疫苗的采购

① 根据疫苗的实际效果和抗体监测结果，以及场际间的沟通和了解，选择有批准文号的生产厂家。

② 防疫人员根据各类疫苗的库存量、使用量和疫苗的有效期等确定阶段购买量。一般提前2周确定，以2～3个月的用量为准，并注明生产厂家、出售单位、疫苗质量（活苗或死苗）。

③ 采购员必须按要求购买，不得随意更改。购买时要了解疫苗生产日期，保质期限。尽量购买近期生产的、离有效期还有2～3个月的不要购买。

④ 采购员要在上报3天之内将疫苗购回。

三、疫苗的运输

① 运输疫苗要使用放有冰袋的保温箱，做到"苗随冰行，苗到未溶"的冰链系统。途中避免阳光照射和高温。

② 疫苗如需长途运输，一定要将运输的要求交代清楚，约好接货时间和地点，接货人应提前到达，及时接货。

③ 疫苗运输过程中时间越短越好，中途不得停留存放，应及时运往猪场放入冰箱，防止冷链中断。

四、疫苗的保管

① 保管员接到疫苗后要清点数量，逐瓶检查疫苗瓶有无破损，瓶盖有无松动，标签是否完整，并记录生产厂家、批准文号、检验号、生产日期、失效日期、药品的物理性状与说明书是否相符等，避免购入伪劣产品。

② 仔细查看说明书，严格按说明书的要求储存。

③ 定时清理冰箱的冰块和过期的疫苗，冰箱要保持清洁和存放有序。

④ 如遇停电，应在停电前1天准备好冰袋，以备停电用，停电时尽量少开冰箱门。

五、疫苗接种前注意事项

① 疫苗使用前要逐瓶检查疫苗瓶有无破损，封口是否严密，头份是否记载清楚，物理性状是否与说明书相符。还要注意有效期和生产厂家。

② 疫苗接种前应向兽医和饲养员了解猪群的健康状况，有病、体弱、食欲和体温异常，暂时不能接种。不能接种的猪，要记录清楚，适当时机补种。

③ 免疫接种前对注射器、针头、镊子等进行清洗和煮沸消毒，备足酒精棉球或碘酊棉球，准备好稀释液、记录本和肾上腺素等抗过敏药物。

④ 疫苗接种前后，尽可能避免一些剧烈操作，以防猪群应激影响免疫效果。

六、疫苗稀释

① 对于冷冻储藏的疫苗和猪瘟苗稀释用的生理盐水，必须

提前至少1天放置在冰箱冷藏，或稀释时将疫苗同稀释液一起放置在室温中停置数分钟，避免两者的温差太大。

②稀释前先将疫苗瓶口的胶蜡除去，并用酒精棉消毒晾干。

③用注射器取适量的稀释液插入疫苗瓶中，无需推压，检查瓶内是否真空（真空疫苗瓶能自动吸取稀释液），失真空的疫苗应废弃。

④根据免疫剂量、计划免疫头数和免疫人员的工作能力来决定疫苗的稀释量和稀释次数，做到现配现用，稀释后的疫苗在1～3小时内用完。

⑤不能用凉开水稀释，必须用生理盐水或专用稀释液稀释。稀释后的疫苗，放在有冰袋的保温瓶中，并在规定的时间内用完，防止长时间暴露在室温中。

七、免疫接种具体操作要求

①接种时间应安排在猪群喂料前空腹时进行，高温季节应在早晚注射。

②液体苗使用前应充分摇匀，每次吸苗前再充分振摇。冻干苗加稀释液后应轻轻振摇匀。

③吸苗时可用煮沸消毒过的针头插在瓶塞上，裹以挤干的酒精棉球专供吸药用。吸入针管的疫苗不能再回注瓶内，也不能随便排放。

④要根据猪的大小和注射剂量多少，选用相应的针管和针头。针管可用10毫升或20毫升的金属注射器或连续注射器，针头可用38～44毫米12号的；新生仔猪猪瘟超免可用2毫升或5毫升的注射器，针头长为20毫米的9号针头。

⑤注射时要适当保定，保育舍、育肥舍的猪，可用焊接的铁栏挡在墙角处等相对稳定后再注射。哺乳仔猪和保育仔猪需要

抓逮时，要注意轻抓轻放。避免过分驱赶，以减缓应激。

⑥ 注射部位要准确。肌内注射部位有颈部、臀部和后腿内侧等几处供选择，皮下注射在耳后或股内侧皮下疏松结缔组织部位，避免注射到脂肪组织内。需要交巢穴和胸腔注射的更须摸准部位。

⑦ 注射前术部要用挤干的酒精棉或碘酊棉消毒，进针的深度、角度应适宜。注射完拔出针头，消毒轻压术部，防止术部发炎形成脓疱。

⑧ 注射时要一猪一个针头，要一猪一标记，以免漏注。

⑨ 注射时动作要快捷、熟练，做到"稳、准、足"，避免飞针、针折、苗洒。苗量不足的立即补注。

⑩ 疫苗不得混用（标记允许混用的除外），一般两种疫苗接种时间，至少间隔5～7天。

八、疫苗使用前后的用药问题

① 防疫前的3～5天可以使用抗应激药物、免疫增强保护剂，以提高免疫效果。

② 在使用活病毒苗时，用苗前后严禁使用抗病毒药物，用活菌苗时，防疫前后10天内不能使用抗生素、磺胺类等抗菌、抑菌药物及激素类。

九、免疫接种后注意事项

① 及时认真地填写免疫接种记录，包括疫苗名称、免疫日期、舍别、猪别、日龄、免疫头数、免疫剂量、疫苗性质、生产厂家、批准文号、有效期、接种人、备注等。每批疫苗最好存放1～2瓶，以备出现问题查询。

② 失效、作废的疫苗，用过的疫苗瓶，稀释后的剩余疫苗

等，必须妥善处理。处理方式包括用消毒剂浸泡、煮沸、烧毁、深埋等。

③ 有的疫苗接种后能引起过敏反应，有的仔猪注射 5～10 分钟后出现体温升高、发抖、呕吐和减食等症状，一般 1～2 天后可自行恢复，故需详细观察 1～2 天，尤其接种后 2 小时内更应严密监视，遇有过敏反应注射肾上腺素或地塞米松等抗过敏解救药。

④ 有的猪打过某种疫苗后应激反应较大，表现采食量降低，甚至不吃或体温升高，应饮用电解质水或口服补液盐或熬制的中药液。尤其是保育舍仔猪免疫接种后采取以上措施能减缓应激。

⑤ 接种疫苗后，活苗经 7～14 天、灭活苗经 14～21 天才能使机体获得免疫保护，这期间要加强饲养管理，尽量减少应激因素，加强环境控制，防止饲料霉变，搞好清洁卫生，避免强毒感染。

⑥ 如果发生严重反应或怀疑疫苗有问题而引起死亡，尽快向生产厂家反映或冷藏包装同批次的制品 2 瓶寄回厂家，以便查找原因。

十、疫苗接种效果的检测

① 一个季度抽血分离血清进行 1 次抗体监测，当抗体水平合格率达不到时应补注 1 次，并检查其原因。

② 疫苗的进货渠道应当稳定，但因特殊情况需要换用新厂家的某种疫苗时，在疫苗注射后 30 天即进行抗体监测，抗体水平合格率达不到时，则不能使用该疫苗，改用其他厂家疫苗进行补注。

③ 注重在生产实践中考察疫苗的效果。如长期未见初产母猪流产，说明细小病毒苗的效果尚可。

第二节　仔猪的免疫程序

猪群免疫工作由专人负责，包括免疫程序的制定、疫苗的采购和储存、免疫接种时工作人员的调配，根据免疫程序的要求，有条不紊地开展免疫接种工作。目前还没有一个免疫程序可通用，而生搬硬套别人的免疫程序也不一定行得通，最好的做法是根据本场的实际情况，考虑本地区的疫病流行特点，结合畜禽的种类、年龄、饲养管理、母源抗体的干扰以及疫苗的性质、类型和免疫途径等各方面因素和免疫监测结果，制定适合本场的免疫程序。以下是常见猪场免疫程序，仅供参考。

① 仔猪出生后3～7日龄预防仔猪伪狂犬病，肌注或滴鼻伪狂犬基因缺失苗1～1.5头份。

② 仔猪7～15日龄预防猪链球菌病，肌注多价链球菌蜂胶苗2头份，如在链球菌多发区，可在35～40天加强1次。

③ 仔猪8日龄接种喘气病弱毒活疫苗，每头肌注1毫升。

④ 仔猪13日龄接种猪圆环病毒灭活疫苗，每头肌注1毫升，3周后再接种1次，每头肌注1毫升。

⑤ 仔猪15～20日龄预防仔猪水肿病或副伤寒病，肌注仔猪水肿或副伤寒疫苗1头份即可。

⑥ 仔猪18日龄接种高致病性蓝耳病弱毒活疫苗，每头肌注1头份，3周龄后二免，每头1头份。

⑦ 仔猪20～25日龄预防蓝耳病，肌注猪繁殖与呼综合征（PRRS）活疫苗（适用于阳性猪场）1头份。

⑧ 仔猪25日龄左右接种猪瘟疫苗。若用猪瘟弱毒细胞苗，首免每头肌注2头份，65日龄二免，每头肌注4头份。若用猪瘟脾淋疫苗，首免每头肌注1头份，65日龄二免，每头肌注2头份。若用ST猪瘟传代细胞苗，首免每头肌注1头份，65日龄二免，

每头肌注2头份。根据临床经验，首免猪瘟不主张使用猪瘟脾淋苗或猪瘟脾苗，一是其毒株强，产生免疫力快；二是不了解仔猪通过吃初乳，获得的母源抗体是高还是低，相应疫苗对仔猪的刺激性强，易引起仔猪发病。60～65天二免猪瘟时，有基础免疫的情况下，可以使用猪瘟脾淋苗或猪瘟脾苗，使其产生的抗体更坚定。

⑨ 仔猪30日龄接种口蹄疫疫苗，若用口蹄疫O型缅甸98谱系全病毒灭活疫苗，首免每头肌注2毫升，60日龄二免，每头肌注2毫升，100日龄三免，每头肌注2毫升；也可用猪O型口蹄疫与亚洲I型口蹄疫双价灭活疫苗免疫，首免每头肌注2毫升，60日龄二免，每头肌注2毫升，120日龄三免，每头肌注2毫升。

⑩ 仔猪30～35日龄接种猪丹毒猪肺疫二联苗。两种病的发病日龄主要是2～4月龄。

⑪仔猪40～50日龄根据季节及猪的用途（如育肥，留着后备母猪公猪）预防猪口蹄疫，加强蓝耳病、伪狂犬病等疫苗的免疫注射。用口蹄疫合成肽疫苗，高效安全，免疫反应小。解决了打口蹄疫疫苗继发感染胸膜肺炎、喘气病、圆环病毒病等的难题。

⑫ 猪链球菌多价血清灭活疫苗、副猪嗜血杆菌多价血清灭活疫苗及猪大肠杆菌疫苗等是否接种，可根据猪场的实际情况而定。仔猪免疫系统还不健全，过多接种疫苗、超剂量注射疫苗会导致仔猪产生免疫麻痹与免疫耐受。

第七章　仔猪常见病的防治

第一节　营养性疾病

一、维生素A缺乏症

仔猪维生素A缺乏症也叫仔猪舞蹈症或夜盲症。是由于维生素A缺乏所引起仔猪的一种代谢病。本病的特征为视觉障碍和器官黏膜损伤，生长发育不良。

1.临床症状

仔猪的典型症状为皮肤粗糙、皮屑增多，咳嗽、腹泻，生长发育缓慢。病重的仔猪表现运动失调，步态摇摆，最后瘫痪，发出尖叫声，出现神经症状，如抽搐、角弓反引等。明显的特征是出现夜盲症。

2.预防

① 加强饲养管理，供给全价配合饲料，以保证维生素A的需要量。

② 饲草、饲料要注意保管，防止霉变、暴晒和储存时间过长，以防胡萝卜素损失过大。

③ 维生素A3000～6000单位，50～60天供给1次，可预防本病发生。

④ 注意防治肝病及慢性消化道病，以免影响维生素A的吸收的利用。

⑤ 由于仔猪的维生素A缺乏与母猪乳质有关，所以，只要供给母猪充足的维生素A，即可满足仔猪的维生素A需要。如仔猪生长过快，可增加胡萝卜素和维生素A的添加量。

⑥ 饲料中磷酸盐、硝酸盐和亚硝酸盐的含量不应过高，中性脂肪和蛋白质供应充足，可保证维生素A在猪体内的转化和吸收。

⑦ 在青饲料旺盛期，应储存一部分，保证冬春季供应。搞好猪舍的环境卫生，保持干燥、透光。

3.治疗

① 精制鱼肝油5～10毫升，分点肌内注射，或维生素A注射液2万～5万单位，肌内注射。

② 断乳仔猪，用鱼肝油10～15毫升，每天拌料中喂服。哺乳仔猪，可灌服鱼肝油2～5毫升，每天2次。但不能长期使用，过量会引起维生素A中毒。

二、B族维生素缺乏症

仔猪B族维生素缺乏症是由于体内缺乏B族维生素而引起的多种疾病的总称。

1.临床症状

（1）维生素B_1（硫胺素）缺乏症　病猪食欲减退，生长不良，呕吐、腹泻、皮肤黏膜发绀，呼吸困难，突然死亡。

（2）维生素B_2（核黄素）缺乏症　病猪消化紊乱，生长缓慢，呕吐，皮肤干燥变薄，见有红斑疹和鳞屑性皮炎，脱毛，溃痍，脓肿。伴有白内障。

（3）维生素B_3（泛酸）缺乏症　病猪食欲减少，生长发育缓慢，脱毛，咳嗽，腹泻，运动失调。剖检见结肠水肿、充血和发炎。

（4）维生素B_5（烟酸）缺乏症　病猪无食欲，消瘦、腹泻。皮肤发炎，贫血，神经功能紊乱。剖检见结肠、盲肠壁增厚，变脆，呈果冻状。肠系膜淋巴结水肿。

（5）维生素B_6（吡哆醇）缺乏症　病猪生长不良，腹泻，贫血，运动失调，抽搐，肝脂肪浸润。在抽搐之前常呈激动和神经质。

（6）维生素B_7（生物素）缺乏症　病猪口腔黏膜发炎，皮肤脱毛、溃疡，后肢痉挛，蹄横向裂开，出血。

（7）维生素B_{11}（叶酸）缺乏症　病猪发育不好，体弱，腹泻，贫血。但此病发生较少。

2.预防

① B族维生素来源很广，在青绿饲料、酵母、麸皮、米糠及发芽的种子中含量最高，因此，多喂一些这类饲料可预防本病发生。

② 有些饲料含B族维生素少，如玉米中缺乏烟酸。因此，在用玉米饲料时应适当加些烟酸制剂，以补充烟酸的不足。

③ 预防B族维生素缺乏症，最主要的是在猪的日粮中添加维生素预混剂，可预防本病的发生。

3.治疗

（1）维生素B_1缺乏症　按每千克体重维生素$B_1$0.25～0.5毫克，皮下或肌内注射。

（2）维生素B_2缺乏症　每千克体重需维生素$B_2$6～8毫克，因此，每1000千克饲料中加3～4克拌匀喂服。

（3）维生素B_3缺乏症　肌内注射泛酸制剂，然后在饲料中补充泛酸钙，每千克饲料中泛酸含量应在11～16毫克。

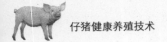

（4）维生素B₅缺乏症　烟酸100～200毫克，口服。

（5）维生素B₆缺乏症　按每千克体重维生素B₆60微克，口服，每天1次。饲喂酵母和糠麸。

（6）维生素B₇缺乏症　8周龄的猪每天注射生物素100微克，或每100克饲料加生物素200微克，喂服。

（7）维生素B₁₁缺乏症　每千克饲料加入叶酸0.5～1毫克，喂服。

三、维生素D缺乏症

仔猪维生素D缺乏症是由于饲料中维生素D缺乏、吸收障碍而引起仔猪的钙、磷代谢紊乱的一种代谢病。本病的特征为异嗜，骨骼变形，发育迟缓。

1.临床症状

初期发病，仔猪表现四肢无力，站立不稳，喜卧，走路跛行，生长发育缓慢。病情严重的仔猪，食欲减退，被毛粗糙无光泽。不能站立，如果站立时四肢发抖，有疼痛感。四肢、脊柱骨骼弯曲，关节肿大。肋骨和肋软骨结合处呈串珠状，肋骨和脊柱时常发生骨折，两前肢跪行。血钙降低严重时，会出现神经症状，如抽搐等。

2.预防

① 对于妊娠母猪及仔猪，在配合饲料中给予适量的维生素D，可预防本病发生。

② 夏季要多喂一些青绿饲料，冬春季节在饲料中多添加一些维生素D，以预防本病发生。

③ 让怀孕母猪和仔猪到运动场活动，多晒太阳，以使猪的皮下胆固醇转化为维生素D。

④ 对妊娠母猪和仔猪经常检查，发现有胃肠疾病及肝、肾

病应立即进行治疗，可控制本病的发生。

3.治疗

① 用维生素D_3注射液，仔猪1000～5000单位/千克体重，肌内注射，连用7～10天。

② 维生素AD注射液，每毫升含维生素A5万单位，维生素D5000单位。仔猪0.5～1毫升/次，连用7～10天。

③ 维丁胶性钙注射液2～10毫升，肌内注射，连用7～10天。

④ 浓缩鱼肝油（浓缩维生素AD）0.5～1毫升拌于饲料中喂服，每天1次，连用数天。

但必须注意，维生素D不能长期大量应用，否则会引起中毒，表现食欲不振，腹泻，肌肉颤颤，运动失调，尿毒症等。

四、仔猪糖代谢病

新生仔猪低血糖症也叫乳猪症，是由于新生仔猪体内血糖过低而引起仔猪的一种代谢病。本病的特征是7日龄内的仔猪血糖低于同龄正常猪的2%～3%，出现神经症状。

1.临床症状

本病多在仔猪出生后3天内发病。病猪精神沉郁，四肢无力，喜卧地，嗜眠。皮肤苍白，被毛蓬乱，体温低下。耳尖、尾根、四肢末端皮肤发凉，发绀。吮乳停止。最后，出现神经症状，肌肉震颤，阵发性痉挛，四肢呈游泳状划动。眼球震颤，空嚼，流涎，心跳缓慢，体温下降，皮肤发凉，瞳孔散大，角弓反张，反应不敏感或消失，处于昏迷状态，不久死亡。病程24～36小时。

2.预防

① 对妊娠母猪加强饲养管理，供给全价饲料，尤其是含糖

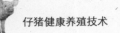

多的饲料不应缺乏。要选择泌乳量高的母猪作种猪，避免各种应激因素作用。如果母猪产仔过多，可将多余仔猪给其他母猪寄养。对于患乳腺炎、子宫炎、发热的母猪要及早发现，立即治疗。

② 对于初生仔猪一定让其吃上母乳，如果母猪乳头少，仔猪多，应进行人工哺乳，并要定时、定量，防止仔猪饥饿。在寒冷季节对初生仔猪一定要注意保温，避免寒冷刺激，环境温度应保持在25～30℃。如将仔猪移置温暖舍中，舍温应保持在16℃以上。

3. 治疗

① 治疗的基本原则是给仔猪及时补糖。10%葡萄糖溶液20～40毫升，腹腔或皮下分点注射，每隔4～8小时1次，连注2～3天。

② 口服补液盐（氯化钠3.5克，碳酸氢钠2.5克，氯化钾1.5克，葡萄糖30克，水1000毫升）。

③ 灌服葡萄糖溶液或红糖水、白糖水。

④ 促肾上腺皮质激素和肾上腺皮质激素类药物，交替使用，可升高血糖。

五、白肌病

仔猪白肌病也叫硒和维生素E缺乏症，是由于猪体内缺乏硒和维生素E而引起仔猪的一种代谢病。本病的特征为肌营养不良，横纹肌呈灰白色，肝变性、坏死，心为桑葚状。

1. 临床症状

本病多在体质良好的仔猪群中发生。病猪精神不振，食欲减退，呼吸促迫，心脏衰竭而突然死亡。病程稍长的仔猪，肌肉发抖、无力，走路摇摆，弓背，常发出尖叫声。可视黏膜苍白。皮肤灰白，被毛粗乱无光泽。眼结膜和角膜浑浊。病的后期出现神经症状，如四肢抽搐，连续滚转，不能站立，四肢呈游泳状或呈犬坐姿势。最后，四肢麻痹，心跳、呼吸加快，心律不齐、有啰音，腹泻，粪便带血。身体极度衰竭而死亡。

2.预防

① 对仔猪和母猪要加强饲养管理，在寒冷季节应给猪补充蛋白质和富含硒和维生素 E 的饲料。

② 在猪的日粮中按每 100 千克饲料添加 0.022 克无水亚硒酸钠和 2 ～ 2.5 克维生素 E。

③ 对母猪在配种前和怀孕 2 个月时，肌内注射亚硒酸钠液 8 毫升。对 5 日龄仔猪每头肌内注射 0.1% 亚硒酸钠溶液 1 毫升，20 天后再注射 1 次，可预防本病发生。

3.治疗

用 0.1% 亚硒酸钠溶液皮下或肌内注射，10 日龄以内的仔猪 1 毫升，10 ～ 20 日龄 2 毫升，20 日龄以上 3 毫升。醋酸生育酚 0.1 ～ 0.5 克，皮下或肌内注射，每天 1 次，连用 10 ～ 14 天。维生素 E 10 ～ 15 毫克/千克饲料，喂服。

六、铁、铜缺乏症

仔猪铁、铜缺乏症是由于仔猪体内缺乏铁、铜或含量不足而引起仔猪的一种代谢病。铁缺乏时，仔猪贫血，生长迟缓；铜缺乏时，仔猪贫血，心肌萎缩，生长发育缓慢。

1.临床症状

（1）铁缺乏症　本病多发生于 3 周龄以下的仔猪。病仔猪精神萎靡不振，食欲减退，被毛蓬乱，喜卧。可视黏膜苍白，轻度黄疸。体温无变化。多数仔猪消瘦，耳静脉不明显，针刺出血少。排出稀便，生长减慢。呼吸困难。体表健壮的仔猪有的突然死亡。血红蛋白降至 20 ～ 40 克/升，红细胞数由正常的 5×10^{12} ～ 8×10^{12} 个/升降到 3×10^{12} ～ 4×10^{12} 个/升，呈低染性

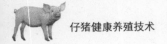

小细胞性贫血。

（2）铜缺乏症　在自然情况下，4～6周龄猪发生地方流行性运动失调。病仔猪精神不振，厌食或拒食，腹泻。被毛粗乱，受损，脱色广。心脏肥大，贫血。眼球震颤。四肢异常，后躯麻痹、弯曲、呈蹲坐姿势，前肢弯曲、常卧地呈划水样。喜啃泥土。生长发育缓慢。血红蛋白降至50～80克/升，红细胞数降到2×10^{12}～4×10^{12}个/升，碱储下降。血铜含量低于10.99微克/升，肝铜含量低于20微克/克（干重）。

2.预防

（1）铁缺乏症

① 仔猪生下后3天一次注射牲血素，每头每次1毫升，或一次性肌内注射100毫升葡萄糖酸铁，维持血红蛋白水平3～4周，可预防本病发生。

② 母猪在产前2周注射10毫升葡萄糖酸铁，所产仔猪血红蛋白水平显著升高。

③ 在猪圈中每50千克细沙中喷洒硫酸亚铁1000克、硫酸铜120克的混合液，或用硫酸亚铁100克和硫酸铜的糖浆涂布于母猪的乳头上，也有良好的作用。另外，在母仔猪舍内地面上撒少量含铁黄土，或在舍内一角放一块铁，让仔猪自由舔食。

（2）铜缺乏症

① 应从改良土壤着手，特别是泥炭土，在肥料中可施加化工副产品黄铁矿灰渣，在秋季翻地时施加磷肥和钾肥。

② 在日粮中配给足量的铜，一般日粮中添加0.1%硫酸铜，或者每千克饲料添加250毫克铜，可促进仔猪的生长发育。

3.治疗

（1）铁缺乏症

① 硫酸亚铁21克，硫酸铜7克，溶于1000毫升水中，过滤

取滤液，每只仔猪4毫升，灌服，或饮水或拌料喂服。

② 硫酸亚铁100克，硫酸铜20克，研成细末混于5千克细沙中，撒于猪舍内，让仔猪自由舔食。

③ 如果配合补给氯化钴50毫克/次，维生素B_{12} 0.3 ～ 0.4毫克/次，叶酸5 ～ 10毫克/次，效果更好。

④ 铁钴注射液或左旋糖酐铁2毫升，深部肌内注射，1次即愈。

（2）铜缺乏症

① 硫酸铁2.5克，硫酸铜1克，开水1000毫升，混合凉后喂仔猪，或反复涂擦哺乳母猪乳头，待仔猪吃奶时即可口服。

② 硫酸铜20 ～ 30毫克，口服，每天1次，连用15 ～ 20天。需间隔10 ～ 15天，直到痊愈。

七、钙、磷缺乏症

仔猪钙、磷缺乏症是由于仔猪体内钙和磷不足或比例失调而引起仔猪的一种矿物质代谢病。本病的特征为消化紊乱，异嗜癖，骨骼弯曲，跛行。仔猪为佝偻病，成年猪为软骨症。

1. 临床症状

仔猪先天性的佝偻病表现颜面骨肿大，硬腭突出，四肢肿大，关节不能弯曲。断乳仔猪表现食欲减退，被毛粗乱，生长发育不良。异嗜，喜吃泥土，啃咬墙壁。喜卧，不愿走动，走路困难，跛行。驱赶时，步态蹒跚，并发出嘶嘶叫声。低钙时会出现神经症状，如抽搐，突然倒地。病重的仔猪，关节肿大、肥厚，不能站立。胸廓两侧扁平，狭小，四肢骨酪弯曲，呈X形或O形，易骨折。肋骨与肋软骨结合处肿大，呈串珠状。

2. 预防

① 对于怀孕母猪、哺乳母猪及断乳仔猪加强饲养管理，给

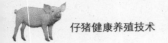

予含钙、磷丰富并比例适合的饲料，在饲料中加鱼肝油或经紫外线照射的酵母。

② 猪舍在寒冷季节要保持温暖、干燥、清洁、通风、光照。在冬季可用紫外线灯给仔猪照射，距离 1～1.5米，15～20分钟，每天1次。

③ 仔猪要加强管理，增强运动，在农村也可放牧。

④ 对于仔猪及怀孕母猪的胃肠疾病，肝、肾疾病，甲状腺功能亢进及寄生虫病，应及时治疗。

3.治疗

① 用维生素D_2或维生素D_3注射液1～2毫升，肌内注射，每天1次，连用5～7天。

② 维丁胶性钙1～2毫升，肌内注射。维生素AD0.5～1毫升，拌料喂服。

③ 多种钙片，每2千克体重1片，混于饲料中喂服。

④ 在饲料中补加骨粉、鱼粉、甘油酸钙等，可治疗本病。

八、碘、钴缺乏症

仔猪碘、钴缺乏症是由于仔猪体内碘、钴缺乏或不足而引起仔猪的一种代谢病。碘缺乏时甲状腺增生，体积增大、萎缩；钴缺乏时，病猪厌食，消瘦，贫血，生长迟缓。

1.临床症状

（1）碘缺乏症 病仔猪消瘦，体质弱。被毛稀少或无毛，眼球突出。四肢弯曲，站立困难，喜卧，驱赶时发出嘶叫声。心动过速，呼吸困难。颈部皮下黏液性水肿。甲状腺肿大，呈纺锤状。

（2）钴缺乏症 本病3～4周龄的仔猪多发。发病仔猪精神沉郁，食欲不振，衰竭，可视黏膜和皮肤苍白，贫血。被毛粗乱无光泽，生长发育迟缓，消瘦，抗病力降低。如有继发感染，易引起气管炎和肺炎。消化不良，腹泻。

2.预防

（1）碘缺乏症

① 对母猪加强饲养管理，补喂碘制剂或含碘食盐。妊娠母猪每次加碘化钾0.3克，隔15天1次，连用3次，可预防新生仔猪碘缺乏症。

② 生长猪碘的需要量，每千克体重0.14毫克，在1千克盐内加0.1克碘化钠（或碘化钾），断乳仔猪每头每天3克，成年猪每头每天5～10克。在补碘的同时，补给维生素A、磷、钙，效果更好。

（2）钴缺乏症

① 如土壤中含钴量为0.3～2毫克/千克，在土壤中可施用过磷酸石灰，能促进植物对钴的吸收。

② 要控制日粮中铁、锶、钡、镍的含量，不能超标，并且饲料中铜、碘、钙不能缺乏，保证每千克饲料干物质中含钴0.5～1.5毫克，以防止本病发生。

③ 仔猪出生后4～10天内，用葡萄糖铁钴注射液2毫升，臀部肌内注射，可预防铁、钴缺乏性贫血。

3.治疗

（1）碘缺乏症

① 病仔猪每天随乳汁喂给碘酊1～2滴。或投给0.25%碘化钾溶液1茶匙。

② 将碘酊滴在母猪的乳头上1～2滴，让仔猪自由舔食。或每2周在仔猪皮肤上涂碘酊10毫升。

③ 妊娠母猪每月在饲料或饮水中投放碘化钾0.5～1克。或者补喂海带，每次0.5～1千克，煮汤，连渣喂给。每月喂服2～3次。

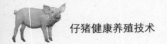

（2）钴缺乏症

① 用钴盐添加剂如氧化钴、硫酸钴、硝酸钴等，仔猪1～2毫克，成年猪10～20毫克，连用1～1.5个月。

② 如仔猪贫血时，用维生素B_{12}注射液300～400微克，肌内注射，每天1次。

九、锰、锌缺乏症

仔猪锰、锌缺乏症是由于仔猪体内缺锰或缺锌而引起仔猪的一种代谢病。锰缺乏时，出现佝偻病症状；锌缺乏时，生长发育缓慢或停滞，表皮增生，皮肤龟裂。

1.临床症状

（1）锰缺乏症　病仔猪似佝偻病症状，表现僵直、跛行，喜卧，行走困难，驱赶时发出尖叫声。骨端粗大，或骨头变短。而佝偻病则广泛性软骨增生，症状更为严重。

（2）锌缺乏症　病猪食欲减退，生长发育缓慢或停滞。皮肤发生不全角化，以四肢、耳朵、腹下、耳根、会阴、肛门等处更为明显，其次为颈部和面部、背部。患部皮肤有红点、红斑，而后变为丘疹，形成裂隙和褐色的结痂。如被细菌感染，会出现脓皮病和皮下脓肿。

2.预防

（1）锰缺乏症

① 精饲料中除玉米外，大麦、小麦、麸皮或米糠等均富含锰，在配合日粮时应注意适当的搭配。

② 为预防锰缺乏，可在饲料中适当添加锰，如45千克重的猪，可摄入24～57毫克的锰，若仔猪小可适当减量。

（2）锌缺乏症

① 合理调配日粮，保证日粮中有足够量的锌，并适当限制

钙的水平，钙、锌的比例维持在100：1。猪对锌的需要量每千克饲料40毫克，适宜补锌量为每千克饲料100毫克。

② 在日粮中添加硫酸锌，1千克日粮添加0.2克，1天1次，连用10天，可有效预防锌缺乏。脱毛严重的哺乳母猪和断乳仔猪，应加倍补锌。

3.治疗

（1）锰缺乏症

① 0.1%高锰酸钾溶液，让猪自饮，可防治本病。

② 由于玉米为含锰低的饲料，应与含锰多的饲料如鱼粉、豆饼、麦麸等配合应用，以维持日粮中锰的最适含量，即25～30毫克/千克。

③ 对于病猪可在日粮中加入锰制剂。

（2）锌缺乏症

① 治疗时可用碳酸锌口服或注射，每千克体重2～4毫克，每天1次，连续注射10天，效果明显。

② 正常饲料中锌的含量为5～10毫克/千克，所以，要给仔猪全价配合饲料，或合理搭配饲料，才能预防本病发生。

③ 钙、锌的正常比为100：1，当日粮中钙为0.5%～0.6%时，锌应为5～6毫克/千克，才能满足营养需要。

④ 在缺锌地区，可以施用锌肥，每公顷施硫酸锌4～5千克，可以提高土壤和饲料中锌含量，以预防本病的发生。

第二节　细菌性疾病

一、仔猪黄痢

仔猪黄痢也叫新生仔猪大肠杆菌病，或称早发性大肠杆菌

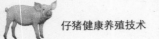

病。是由大肠杆菌所引起的新生仔猪的一种肠道传染病。本病的特征为剧烈腹泻、排黄色或黄白色稀便，急性死亡。

1.临床症状

潜伏期短的8～10小时，长的达24小时。最急性的看不到症状而突然死亡。生后2～3天，仔猪突然腹泻，排出黄色或黄白色稀便，具有腥臭味。在仔猪的尾、会阴、后肢毛上沾有粪污。病猪衰弱，四肢无力、口渴、脱水、消瘦，体重迅速下降30%～40%。精神沉郁，反应迟钝，皮肤呈蓝灰色，最后昏迷而死亡。

2.预防

① 加强饲养管理，做好护理工作。对于猪的产房和仔猪舍要保持清洁、干燥，产前和进仔前均要进行彻底消毒。母猪产后可用0.1%高锰酸钾溶液清洗乳头及乳房的皮肤。

② 母猪在产前48小时内用氧氟沙星0.3～0.4毫克/千克体重，肌内注射，每天2次，连用2天。还可用微生态制剂康大宝，调节仔猪肠道微生物区系的平衡。最好安排母猪在春、秋干燥季节产仔，可减少本病的发生。

③ 妊娠母猪在分娩前10～20天，耳根深部皮下注射大肠杆菌K88、K99二价基因工程活菌苗1毫升，保护抗体可通过初乳传递给仔猪，以预防本病的发生。有条件的猪场，可利用本场分离的致病菌制成灭活菌苗或制成抗血清或经产母猪的血清，进行注射或口服。

3.治疗

① 发现病仔猪应及时隔离和治疗。螺旋霉素0.5～1毫升，肌内注射，每天2次，连用2天。

② 5%碳酸氢钠溶液10毫升，5%葡萄糖盐水10～20毫升，混合后腹腔注射。

③ 给母猪服用猪痢停30克，分2次拌料喂服，连用2天。也可通过初乳治疗本病。

二、仔猪白痢

仔猪白痢也叫迟发性大肠杆菌病，是由致病性大肠杆菌所引起的仔猪一种急性肠道传染病。本病的特征为排出灰白色、浆糊状稀便，带有腥臭味。

1.临床症状

主要症状为腹泻，粪便呈灰白色，混有黏液，呈糊状，并有气泡，有特殊的腥臭味。在肛门周围及尾上沾有粪污。一般体温无大变化。病仔猪吃奶减少或不食，脱水，消瘦，被毛蓬松无光泽。如果大肠杆菌进入血液时，体温升高，怕冷，精神沉郁，食欲减退，眼结膜苍白。弓背，行动迟缓，有时吐奶。喜卧垫草中。有的并发肺炎，有啰音。病程1～2天，最长7天。一般能自愈，如反复发病将成为僵猪。

2.预防

① 对仔猪和母猪要加强饲养管理，搞好舍内的清洁卫生及消毒工作。圈舍内的粪便要及时清理，并对地面、用具、工作服等定期进行消毒。对母猪的乳房在仔猪吃奶前要用0.1%高锰酸钾溶液擦洗。对垫草要勤起勤换，保持干燥。断乳后的仔猪饲料，不要突然更换。根据气候变化，应做好猪舍的防寒保暖工作。

② 对仔猪要经常观察，发现本病后应立即隔离、治疗。平时用0.1%高锰酸钾溶液，让仔猪自由饮用。

③ 有条件的单位可用自家菌苗免疫母猪，可预防本病发生。

3.治疗

① 2.5%恩诺沙星，每10千克体重1毫升，肌内注射，每天1次，连用3～5天。

② 磺胺脒，每千克体重0.2克，每天2次口服，连用3～5天。

③ 痢炎宁注射液5～10毫升，肌内注射，每天2次，连用3～5天。

④ 也可用中药治疗，效果也很好。白头翁7克，黄连1克，龙胆草4克，共为细末，与米汤一起灌服，每天1次，连服2～3天。

⑤ 黄连或穿心莲注射液，1.5～2毫升，后海穴注射，疗效较好。

三、仔猪水肿病

仔猪水肿病也叫仔猪胃肠水肿病，或称大肠杆菌肠毒血症，是由致病性、溶血性大肠杆菌毒素所引起断乳仔猪的一种急性、散发性传染病。本病的特征为全身或局部麻痹，共济失调，水肿。

1.临床症状

病仔猪精神不振，食欲减退。体温升高至40℃左右，有的正常。走路不稳，共济失调。有时转圈、过敏、惊跃、发出嘶哑的叫声。后期出现神经症状，如四肢划动呈游泳状，后躯麻痹，卧地不起，口吐白沫。眼睑、下颌、胸部和腹部水肿。病程1～2天死亡。

2.预防

① 加强饲养管理，不要突然更换饲料。注意天气变化，防寒保暖，保持舍内清洁干燥。仔猪生后7～10天补料，在仔猪大量吃料期间，每天在饮水中加入少量食醋。在喂高蛋白全价饲料时，一定控制好饲料量。在仔猪吃料期间，每隔5～7天喂土霉素4～6片。在缺硒地区，注意补硒和维生素E。

② 仔猪断乳前7～10天，用仔猪水肿病多价浓缩灭活菌苗1～2毫升，肌内注射，有预防作用。

3.治疗

① 强力水肿灵 1 ～ 2 毫升，肌内注射，每天 2 次，连用 2 天。

② 在断乳前 1 周或断乳后 3 周，每天口服磺胺二甲嘧啶 1.5 克，硫酸镁 15 ～ 25 克。

③ 红霉素 30 万～ 60 万单位，用 10% 葡萄糖溶液稀释后，静脉注射。病初用亚硒酸钠、维生素 E 对症治疗也有一定疗效。

四、仔猪红痢

仔猪红痢也叫梭菌性肠炎，或称传染性坏死性肠炎，是由 C 型魏氏梭菌的外毒素所引起仔猪的一种肠毒血症。本病的特征为出血性腹泻，肠坏死。

1.临床症状

潜伏期很短，在生后数小时可发病。可分 4 种类型。

（1）最急性型　病仔猪在生后当天发病，突然出现血痢，故称红痢。粪便恶臭，并混有坏死组织碎片及大量气泡。病猪的后躯，尤其会阴部沾满了血样稀便。日渐衰弱，喜卧，体温不高，死前腹部皮肤变黑，生后 12 ～ 36 小时死亡。也有不发生腹泻而死亡的。

（2）急性型　病猪排出淡红褐色水样稀便，粪中带有灰色坏死组织碎片。脱水、消瘦，衰竭，一般在 3 日龄死亡。

（3）亚急性型　病猪持续性腹泻，病初排出黄色软便，以后变成液状，内含坏死组织碎片，呈米粥样。病猪脱水，消瘦，体质衰竭而死亡。病程 5 ～ 7 天。

（4）慢性型　本病呈间歇性或持续性腹泻达 1 周以上。粪便为灰黄色黏液样。在肛门周围、尾巴和后躯沾满粪污，干燥后形成干粪痂或干粪球附干后躯和尾巴上。病猪精神尚好，而生长停

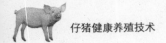

滞，数周后死亡或成为僵猪。

2.预防

① 加强饲养管理，建立严格的卫生防疫制度，搞好猪场的卫生消毒工作。在产前，对产房和仔猪舍进行彻底清扫，对地面、用具等进行全面消毒。产前对临产母猪的腹部皮肤及乳头要进行消毒，以防感染仔猪。

② 初产母猪在分娩前30天和15天各肌内注射仔猪红痢灭活菌苗5～10毫升。经产母猪如前胎已注射过此苗，可在分娩前15天，肌内注射3～5毫升红痢灭活菌苗，对仔猪免疫保护率达100%。

③ 母猪产前2天注射长效抗菌剂5～10毫升，每天1次，连用2天。复方磺胺-6-甲氧嘧啶注射液20～30毫升，每天2次，连用2天。仔猪出生后可用抗猪红痢血清早期注射，效果很好。仔猪吃奶前或以后3天口服氨苄青霉素片，效果也很好。

3.治疗

① 仔猪出生后吃初乳前，早期用青霉素、链霉素，每千克体重各10万单位，灌服，疗效较好。

② 强力霉素片剂，每千克体重5～10毫克，口服，每天2次。针剂每千克体重2～5毫克，肌内注射，每天1～2次，连用2～3天。

③ 5%葡萄糖溶液20毫升，庆大霉素8万单位，地塞米松10毫升，硫酸阿托品4毫克，混合静脉注射，每天1次，连用3天。

五、仔猪副伤寒

仔猪副伤寒也叫仔猪沙门氏菌病，是由沙门氏菌所引起的仔猪的一种传染病。本病的特征为败血症、坏死性肠炎、肺炎。

1.临床症状

潜伏期4～6天。在临床上分急性和慢性两种类型。

（1）急性型　主要出现败血症。病仔猪精神沉郁，食欲减退，体温41～42℃。病程稍长，出现呼吸困难、腹泻、腹痛。在耳根、胸前、腹下有紫斑。病程1～4天。病死率很高。断乳后的仔猪多为此型。

（2）慢性型　主要出现坏死性肠炎和肺炎。病猪精神不振，体温稍高、40～41.5℃，食欲下降，便秘和腹泻交替发生，排出灰白色、淡黄色、暗绿色粥样粪便，恶臭，有的带血和坏死组织碎片。脱水，消瘦。肺感染，咳嗽。皮肤上有痂样湿疹或紫斑。生长停滞，贫血。病程14～21天。最后衰竭、死亡。存活者成为僵猪。

2.预防

（1）加强饲养管理，搞好圈舍的清洁卫生，对地面、用具、设备等用2%～4%火碱溶液或10%～20%石灰乳进行全面消毒。对有病的母猪和种公猪，不能作为种用，一律淘汰，以防仔猪再感染。减少各种应激刺激，如气候突然变冷，要做好防护保暖工作。不要突然更换饲料，断乳不要过早等，均可预防本病发生。

（2）用仔猪副伤寒弱毒冻干菌苗，给1月龄以上的哺乳仔猪或断乳仔猪口服或注射。用冷开水稀释成5～10毫升拌料喂服，或用2%氢氧化铝胶生理盐水稀释，每头猪耳后肌内注射1毫升。在疫区，仔猪断乳前后各注射1次，间隔3～4周。注射前后禁用抗菌药物。也可应用多价副伤寒灭活菌苗。用发病当地分离到的菌株制成灭活菌苗进行预防注射，效果会更好。

3.治疗

① 新霉素，每天每千克体重5～15毫克，分2次口服。土霉素每千克体重40毫克，1次肌内注射。

② 口服复方新诺明，每千克体重70毫克，首次加倍，每天2次，连用3～7天。三甲氧苄氨嘧啶0.2克，磺胺嘧啶1克，蒸馏水

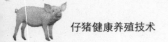

10毫升，每千克体重20～25毫克，静脉或肌内注射，每天2次。

六、痢疾

仔猪痢疾也叫黏液性出血性腹泻，或称血痢、黑痢，是由猪痢疾密螺旋体所引起仔猪的一种肠道传染病。本病的特征为黏液性或黏液出血性腹泻，大肠黏膜卡他性、出血性炎症或纤维素性、坏死性炎症。

1.临床症状

潜伏期10～14天。

（1）最急性期　病猪在数小时内，突然死亡，未见临床症状。

（2）急性期　病猪精神沉郁，食欲下降，体温40～40.5℃。初期排出软便，并附有条状黏液，不断腹泻，粪便为黄色粥样或水样。严重的病猪粪便中混有多量的黏液、血液、纤维素性物质和坏死组织碎片。粪便呈红色、棕色或黑红色。病猪弓背、吊腹、脱水、消瘦、贫血、体质极度衰弱而死亡。不死者转为慢性。

（3）慢性期　病猪表现不同程度的腹泻，粪便中混有黏液、血液，呈黑色。病期较长，精神、食欲均不振。进行性消瘦，贫血，生长发育缓慢，成为僵猪，病死率低。病程1个月以上。

2.预防

（1）加强饲养管理，搞好卫生和消毒工作。对猪舍及时清除粪便，做堆肥发酵处理。对地面、用具等，定期进行消毒，保持圈舍干燥。

（2）坚持自繁自养的方式，必须引进猪只时，一定要隔离检疫，确认无病后才可入群。经常观察猪群，发现病猪立即淘汰。减少各种应激刺激，如天气寒冷应做好防寒保暖工作，不要突然改变饲料，供给全价饲料等，可预防本病发生。

（3）对有本病的猪场应采取药物净化措施来控制和消灭该

病。每千克干饲料加1克痢菌净，混合后喂服，连用30天。哺乳仔猪灌服0.5%痢菌净溶液，每千克体重0.25毫升，每天1次。

（4）由于犬、鼠类、鸟类及昆虫（苍蝇）也带菌传播本病，所以，在猪舍内要消灭鼠类和苍蝇，严禁犬、马进入舍内。结合消毒进行灭鼠、灭蝇，可达控制和净化的目的。

（5）目前尚无有效的菌苗应用。国外有人静脉重复注射甲醛灭活的本菌，猪能得到部分保护，或用灭活本菌加各种佐剂做其他途径注射，也能使猪获得部分抵抗力。

3.治疗

① 林可霉素50毫克/千克体重，肌内注射，每天1次，连用3～5天；饮水，25～50毫克/千克体重，连用3～5天。洁霉素每1000千克饲料加入100克，连用21天。

② 硫酸新雷素1000千克饲料加入300克，连喂3～5天，停药20天。

③ 痢菌净每千克体重5毫克，1天2次，口服，连用3～5天。

七、克雷伯氏菌病

仔猪克雷伯氏菌病是由克雷伯氏菌所引起仔猪的一种传染病。本病的特征为腹泻，咳嗽，呼吸困难，败血症。

1.临床症状

病仔猪精神沉郁，体温升高，食欲减退或不食。耳部皮肤红紫。眼结膜苍白。咳嗽，流出黏液性鼻液，呼吸困难，为腹式呼吸，严重病例呈犬坐姿势。腹泻，肛门周围沾满粪污。有的出现神经症状，如后肢麻痹，不能站立。病程4～5天死亡。死前鼻、口流出淡红色泡沫。幸存者生长发育受阻，长期腹泻。

2.预防

① 加强饲养管理，做好猪舍的卫生消毒工作。供给母猪及

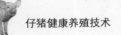

断乳仔猪营养全价的饲料，猪舍饲养密度适中，不要随便换饲料，天气突变时应做好防寒保暖工作，减少各种应激刺激。

② 要消灭猪舍内的鼠类。经常观察猪群，发现病猪要立即隔离治疗。

3.治疗

在治疗前应进行药敏试验，选最敏感的药物进行治疗。可用卡那霉素、庆大霉素、磺胺嘧啶、土霉素、红霉素进行治疗。

① 庆大霉素1000～15000单位/千克体重，肌内注射，12小时1次，连用3～5天。

② 卡那霉素3～15毫克/千克体重，肌内注射，12小时1次，连用3～5天。此外，应对症治疗，如镇咳、祛痰等。

八、放线杆菌病

仔猪放线杆菌病是由放线杆菌所引起仔猪的染病。本病的特征为发热，咳嗽，肺炎，呼吸困难。

1.临床症状

在猪群中1头或多头2～4周龄的仔猪突然死亡。新生仔猪表现黄萎病，淤血，体温达40℃，气喘，有时伴有颤抖，摇摆。脚、尾、耳坏死，关节肿胀。刚断乳的仔猪表现厌食，发热，不断咳嗽，呼吸急促，肺发炎。

2.预防

① 加强饲养管理，搞好猪舍的清洁卫生，不定期地对地面、用具、工作服等进行消毒。猪和马要分开饲养，以避免马放线杆菌感染猪。

② 有人采用自家病菌制成猪放线杆菌菌苗，给猪免疫注射，具有一定的保护力。

3.治疗

猪放线杆菌对大多数抗生素敏感，但由于新生仔猪发病快，往往未出现临床症状就死亡，来不及治疗。

九、空肠弯曲菌病

仔猪空肠弯曲菌病曾叫空肠弧菌病，是由空肠弯曲菌引起仔猪的一种肠道传染病。本病的特征为水样腹泻，抽搐，呼吸困难，肠溃疡病变。

1.临床症状

潜伏期3～5天。主要症状是体温升高，腹泻，肠炎，腹痛。仔猪表现发热，精神沉郁，寒战，发抖，拒食，抽搐，有时呕吐。排出水样粪便，每天达10次以上。病重的仔猪发病后1～2天，排出痢疾样便，并带有血液和黏液，腥臭。全身脱水，消瘦，呼吸困难，贫血，全身衰竭而死亡。

2.预防

① 加强饲养管理，搞好舍内及周围环境的清洁卫生工作，对粪便及污物每天及时清除，定期对地面、用具、工作服、靴鞋等进行彻底消毒，以控制本病的发生。

② 对饲料和饮水要保管好，防止粪便污染。同时要供给全价饲料，提高猪体的抗病力。

③ 经常观察猪群，发现病猪应立即隔离，确诊治疗。

3.治疗

① 用青霉素、土霉素、红霉素、庆大霉素等，拌料喂服，连用5～7天。有条件的，首先进行药敏试验，然后选择最敏感的药物进行治疗，效果最好。

② 也可用肠道防腐消毒、收敛药物治疗，如克辽林、松节油混合液内服。

③ 用清热、解毒、健胃、止血药物对症治疗。

此外，也可进行补液、补充电解质等，增强猪体抵抗力。

十、破伤风

仔猪破伤风也叫强直症，或称锁口风，是由破伤风棱菌所引起仔猪的一种中毒性传染病。本病的特征为骨骼肌痉挛，对刺激反射兴奋性增高。

1.临床症状

潜伏期1～2周。仔猪多在去势后5～7天出现症状。病猪精神不振，食欲减退。对刺激反应过敏。从头部肌肉开始，呈持续性痉挛性收缩，一直蔓延至全身。两眼发直，牙关紧闭，张口、咀嚼、吞咽困难，流涎，发出尖细的叫声。四肢强直，行走时蹄尖着地，呈奔跳姿势。腰背发硬，两耳直立，头向前伸，尾不摆动，呼吸困难，角弓反张。对光和音响刺激敏感。无体温变化。最后窒息死亡。

2.预防

① 本病为创伤性中毒性传染病，所以，要除去圈舍及运动场的尖锐物体，如铁钉尖等。对于初生仔猪断脐带、断尾、阉割的器械和皮肤要做好消毒工作，在给仔猪阉割时，要同时注射抗破伤风血清1500～3000单位，可预防本病发生。

② 由于本菌在土壤中广泛存在，所以，对于猪舍及运动场要搞好清洁卫生，每天清除粪便后，对地面、用具、工作服等定期进行消毒。

③ 对猪群要经常观察，发现猪体伤口应立即进行外科处置，同时注射抗破伤风血清。

3.治疗

① 发现病猪应首先找出伤口，清除伤口内外坏死组织和炎

症产物。然后用5%碘酊或2%高锰酸钾溶液清洗，消毒伤口。同时，用破伤风抗毒素1万～2万单位，肌内或静脉注射。

②为了缓解痉挛，可用25%硫酸镁注射液10～20毫升，肌内注射。或用水合氯醛20～30毫升灌肠，每天2～3次。也可用独角莲注射液3～5毫升，肌内注射，每天2次。

③对于牙关紧闭，不能开口者，可在锁口、开关穴注射3%盐酸普鲁卡因3～5毫升。并且对病猪进行输液，补充营养，以增强机体的抗病力。

十一、传染性萎缩性鼻炎

仔猪传染性萎缩性鼻炎也叫慢性萎缩性鼻炎，是由支气管败血波氏杆菌为原发性感染和多杀性巴氏杆菌参与引起猪的一种慢性传染性呼吸道病。本病的特征为鼻炎、鼻甲骨萎缩，颜面变形和生长缓慢。

1.临床症状

发病仔猪打喷嚏，发出鼾声，从鼻孔流出浆液性、黏液性、脓性分泌物，有的带血丝。病猪由于鼻部发痒，表现烦躁不安，奔跑，摇头，拱地，或用前肢强扒鼻部或在饲槽边缘、圈栏等处摩擦鼻部。由于结膜发炎，常流眼泪，在眼角下的皮肤上可见灰色或黑色半月状泪斑。数周后，多数病猪表现鼻甲骨萎缩，面部变形，鼻子歪斜或鼻腔长度缩短，上颌骨变形，门齿咬合时错位。鼻端向上翘起，鼻背部皮肤粗厚，有较深的皱褶，下颌伸长。有的两侧鼻孔大小不一，鼻歪向病变严重的一侧。有的猪出现肺炎。

2.预防

（1）加强饲养管理，做好清洁卫生和消毒工作。对猪舍内的粪便要及时清除，用10%～20%生石灰乳定期进行全面消毒。

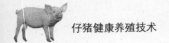

保持舍内干燥，通风良好，饲养密度适中。

（2）每日要观察猪群和定期检疫，发现病猪及时确诊，扑杀。同时，要消灭猪舍内的鼠类，严禁犬、猫等进入猪舍。对种猪要坚持定期检疫，净化猪群。对受威胁猪群可进行预防注射。

（3）猪传染性萎缩性鼻炎油佐剂二联灭活菌苗，已在全国推广应用，安全有效。母猪于产前4周颈部皮下注射2毫升。新引进未经免疫接种的后备母猪应立即接种，每头颈部皮下注射1毫升。仔猪生后1周龄每头颈部皮下注射0.2毫升（未免疫母猪所生），4周龄时每头注射0.5毫升，8周龄时每头注射0.5毫升。但必须注意，注射部位有时产生硬肿，短期内消失。菌苗冻结、破乳、变色时禁用。

3.治疗

① 用抗生素和增效磺胺进行治疗，土霉素50～60毫克/千克体重，肌内注射，每天1次，连用3～5天。链霉素25万～80万单位/头，肌内注射，每天2次，连用3～5天。

② 磺胺二甲嘧啶100～450克，加入1000千克饲料中拌匀，连喂4～5周。

③ 盐酸环丙沙星0.025%浓度饮水，或每千克体重2.5毫克，肌内注射，每天2次，连用5天。另外给新生仔猪注射免疫血清，有一定疗效。

十二、肺疫

猪肺疫也叫猪巴氏杆菌病，或称猪出血性败血症，俗称锁喉风，是由多杀性巴氏杆菌所引起猪的一种急性传染病。本病的主要特征为急性出血性败血症，慢性的为咽喉肿胀、肺炎。

1.临床症状

潜伏期1～5天。在临床上分3种类型。

（1）最急性型　突然发病，很快死亡。病猪呼吸困难，体温升高至41～42℃。食欲废绝。可视黏膜呈蓝紫色。咽喉肿胀，疼痛。口、鼻流出泡沫，带血。病的末期，耳根、颈部、下腹部的皮肤为蓝紫色，有出血斑。呼吸极度困难，呈犬坐姿势。一般窒息而死，病程1～2天。

（2）急性型　体温升高至40～41℃。眼结膜发炎，流脓性分泌物。口、鼻流出白沫，有时混有血液。痉挛性干咳。呼吸困难，呈犬坐姿势。胸部触诊有痛感，急性胸膜肺炎。皮肤出现紫斑或小出血点。先便秘，后腹泻。精神沉郁，拒食。后期，极度衰弱，卧地不起，因窒息而死亡。病程5～8天。

（3）慢性型　主要为慢性肺炎和胃肠炎。病猪精神不振，食欲减退。不断咳嗽，呼吸困难。关节肿胀，皮肤上见有湿疹。末期，腹泻，脱水，消瘦，衰竭而死亡。病程2周以上。

2.预防

① 加强饲养管理，在适宜的条件下仔猪早期断乳。采取全进全出的生产方式，尽量不要从外面引进猪只。必须引进时，也应隔离、检疫，确认无病后方可入群。

② 对猪舍和运动场在及时清除粪便的基础上，要定期进行彻底消毒。在猪舍要消灭鼠类和蚊蝇，严禁其他家畜、家禽及鸟类进入猪舍。

③ 发现病猪应立即确诊，封锁，隔离，治疗。停止市场交易和猪只调动。对于病死猪要焚烧或深埋。

④ 我国已研制出Fg型菌株氢氧化铝甲醛灭活菌苗和猪肺疫弱毒菌苗。为方便使用，还研制出猪瘟、猪丹毒和猪肺疫三联苗，打1针可防3种病。

3.治疗

本病用抗生素和磺胺药物治疗有效。

① 青霉素2000单位/千克体重，肌内注射，每隔3小时按1000单位/千克体重，肌内注射1次。

② 口服磺胺噻唑钠片，小猪5～10片/次，日服3次。或用磺胺噻唑钠注射液20毫升，肌内注射，每天2次。

③ 恩诺沙星注射液25～50毫升，加入葡萄糖氯化钠溶液250～500毫升中，1次静脉注射。

④ 用高免血清2毫升/千克体重，其中1毫升静脉注射，1毫升肌内注射。

十三、丹毒

猪丹毒俗称打火印，是由丹毒杆菌所引起猪的一种急性或慢性传染病。本病的特征为高热，败血症，皮肤上紫红色疹块，关节炎，心内膜炎，皮肤坏死。

1.临床症状

潜伏期3～5天，最长的7天。

（1）急性型（败血型） 初期，病猪突然死亡，无任何症状。以后一些猪相继发病，体温升高至42℃以上，稽留。打冷战，喜卧，食欲废绝，呕吐。精神沉郁，结膜潮红，眼睑肿胀。初期粪便干硬附有黏液，后期发生腹泻。严重的病猪呼吸加快，黏膜发绀。在皮肤上出现红斑，在背部、腹部、耳、颈等部最为多见。2～4天死亡。哺乳仔猪和断乳仔猪也有的发生本病，其表现是发病突然，出现神经症状，如抽搐，倒地而死，病程在24小时以内。

（2）亚急性型（疹块型） 皮肤表面出现疹块，俗称打火印，是本型的特征性症状。病猪精神沉郁，食欲减退。体温高达41℃以上。发病后2～3天，在背部、腹部、胸部、耳和四肢皮肤上出现大小不等的菱形或不现形的疹块，突出于皮肤表面，初期为淡红色，中期为紫色，后期为黑紫色。随着疹块的出现，体温下降，病情减轻，几天后疹块中央坏死，形成结痂而脱落。病程1～2周可痊愈，如有继发感染，病情加重而死亡。

（3）慢性型（心内膜炎和关节炎型）　由上述两型转变而来。表现为浆液纤维素性关节炎、疣状心内膜炎和皮肤坏死。前两个症状可在同一头病猪体发生，而后一个症状可单独存在。关节炎型病变多发生于腕关节和跗关节，可见关节肿胀、疼痛、僵硬、跛行。心内膜炎表现心跳加快，呼吸困难。背、肩、耳、尾、蹄等局部皮肤变黑，坏死，干裂。

2.预防

① 加强饲养管理，搞好舍内的清洁卫生和消毒工作。引进猪只时，一定要隔离，检疫，确认无病后方可入群，要消灭舍内的鼠类和蚊、蝇、虻等昆虫。

② 不要用厨房废料、废水或残羹等喂猪，必须应用时，一定要煮沸消毒后才能应用。经常观察猪群，发现猪皮肤损伤应立即治疗。严禁家畜、家禽、野鸟等进入猪舍。

③ 用猪丹毒GC$_{42}$弱毒菌苗进行免疫，大小猪一律皮下注射1毫升，免疫保护期6个月。还可用猪瘟、猪丹毒、猪肺疫三联苗，每头皮下注射1毫升，猪瘟免疫期1年，猪丹毒和猪肺疫免疫期6个月。注苗前7天和注后10天禁用抗生素。

3.治疗

① 抗猪丹毒血清和青霉素同时应用，效果最好。抗猪丹毒血清，仔猪每头5～10毫升，肌内注射，隔日注射1次。青霉素1万～2万单位/千克体重，肌内注射，每天2次，连用2～3天。

② 也可用金霉素、土霉素、四环素治疗，有一定疗效。

十四、传染性胸膜肺炎

猪传染性胸膜肺炎也叫猪副嗜血杆菌病，或称嗜血杆菌胸膜肺炎，是由猪胸膜肺炎放线杆菌所引起猪的一种呼吸道传染病。本病的特征为肺炎和胸膜炎症状和病变。

1.临床症状

潜伏期1～2天，人工感染6～8小时。本病分最急性型、急性型、亚急性型和慢性型4种类型。

（1）最急性型　病猪突然发病，精神不振，食欲减退。体温高达42℃以上。有轻微的腹泻和呕吐。呼吸困难，从口和鼻流出带泡沫的血样分泌物。在全身的皮肤上先后出现紫斑，耳、鼻、腿部的皮肤上较明显。24～48小时内死亡。幼龄仔猪常发生败血症死亡，但不出现上述症状。

（2）急性型　病猪精神沉郁，食量减少，呼吸困难，体温40.5～41℃。衰竭，有的死亡，幸存者转为慢性。

（3）亚急性型和慢性型　病猪体温很少升高，不断咳嗽，食欲减退，增重减慢。在慢性型病猪群中隐性感染猪增多。如与其他病菌合并感染或继发感染，病情加重。首次暴发时，母猪还可能出现流产。

2.预防

① 加强饲养管理，搞好舍内的清洁卫生。猪舍的粪便要经常打扫，对地面、用具、工作服等定期消毒。饲养密度不应过大，猪舍要通风良好，冬季要防寒保暖。对抗体阳性率高的猪群应全部淘汰，再从阴性猪场引进新猪，并进行隔离检疫。对阳性率较低的猪群，在仔猪断乳时，要不断清除血清阳性母猪。在净化中应给猪群喂药物饲料，以防发生新的感染。

② 猪传染性胸膜肺炎油佐剂灭活菌苗，怀孕母猪产前1个月每头颈部皮下或肌内注射2毫升。仔猪4周龄每头肌内注射0.3毫升，间隔7～10天，再注射0.5毫升。应注意的是，注射局部可能有硬肿，短期可消退。个别猪如出现过敏性变态反应，可用抗

过敏药物治疗。

3.治疗

① 青霉素为首选药物，其次有增效磺胺甲基异噁唑、大观霉素、四环素、林可霉素等，效果令人满意。

② 土霉素0.6克/千克饲料，连喂3天，或青霉素40万～100万单位/头，肌内注射，每天2次。

十五、李氏杆菌病

仔猪李氏杆菌病也叫单核细胞增多性李氏杆菌病，是由单核细胞增多性李氏杆菌所引起的猪的传染病，特征为脑膜炎、败血症和母猪流产。

1.临床症状

潜伏期14～21天。在临床上分败血型、脑膜脑炎型、混合型3种。

（1）败血型　未显症状而突然死亡，病程1～3天，病死率高。哺乳仔猪多见。

（2）脑膜脑炎型　脑炎症状与混合型相似，但较缓和，病猪的体温、食欲、粪尿多半正常。病程长，多数死亡。妊娠母猪隐性感染，一般在无症状的情况下发生流产。本型断乳仔猪多发，哺乳仔猪也有发病。

（3）混合型　初期体温高41～42℃，中后期体温降至常温或以下。吃奶次数减少或不吃。粪便干燥，尿量减少。多数病猪呈脑膜脑炎症状，如初期兴奋，共济失调，圆圈运动，无目的行走，不自主后退，有的头抵地不动，肌肉震颤，乱串乱跑，头颈后仰，四肢张开，呈观星状，四肢麻痹，不能站立，卧地，抽搐，口吐白沫，四肢呈游泳状划动。病程1～3天或更长，病死率高。哺乳仔猪多发。

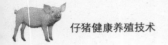

2.预防

① 加强饲养管理，搞好卫生和消毒工作。舍内及运动场的粪便要经常清除。对于地面、用具等定期进行消毒。哺乳仔猪要保证吃足母乳或人工哺乳。

② 坚持自繁自养，必须从场外引进种猪和苗猪时，一定隔离检疫，确认无病后才可入群，千万不要从疫区引进猪只。

③ 由于本病的传染源很多，严禁其他家畜、家禽及野生动物进入猪场。尤其要消灭猪舍内的鼠类。

④ 对猪群要经常观察，发现病猪立即隔离治疗，对病死猪的尸体要焚烧或深埋。

3.治疗

① 早期应用磺胺类药物和抗生素治疗有很好的效果。如将庆大霉素和氨苄青霉素混合应用，效果更好。庆大霉素，每千克体重1～2毫克，肌内注射，每天2次。盐酸金霉素粉，每千克体重20～50毫克，分2次灌服。

② 20%磺胺嘧啶钠溶液5～10毫升，肌内注射。氨苄青霉素每千克体重4～11毫克，肌内注射。

③ 对症治疗，如病猪兴奋不安，可口服水合氯醛，每千克体重1克，溶于水后用胃管灌服。

十六、链球菌病

仔猪链球菌病是由致病性链球菌引起仔猪的一种传染病。本病的主要特征为败血症、脑膜脑炎、关节炎、心内膜炎、淋巴结脓肿。

1.临床症状

（1）败血症型　初期，最急性的病猪突然死亡，不见任何症状。急性的病猪精神沉郁，食欲废绝，体温高达41～42℃，呈稽留热。呼吸困难，心跳加快。鼻流出黏液性或脓性鼻液。结膜潮红，流泪。耳尖、四肢下部及腹下见有紫红色斑。便秘，粪干硬。走路跛行，喜卧。病程1～3天。断乳仔猪多为此型。

（2）脑膜脑炎型　初期，体温高达42℃左右，拒食，便秘。鼻流出浆液性或黏液性鼻液。出现运动失调，转圈，磨牙，仰卧，后肢麻痹，呈游泳状划动，昏迷不醒等神经症状。部分猪出现关节肿大、跛行，病程1～2天。哺乳仔猪和断乳仔猪多发。

（3）关节炎型　多由前两型转来。出现一肢或几肢的关节肿胀，疼痛，跛行，严重的病猪不能站立。病程1～2天。

（4）淋巴结脓肿型　多见于颌下淋巴结，其次为咽部和颈部淋巴结，肿胀坚硬，有热痛，采食、咀嚼、吞咽和呼吸困难。肿胀中央变软，化脓，破溃，流出乳白色或黄褐色脓汁，排脓后肉芽增生，可自愈。病程3～5天。

2.预防

① 加强饲养管理，改善环境卫生，做好消毒工作。消除致病因素，发现外伤的猪要及时治疗。阉割、注射、产仔断脐等要严格消毒。对猪舍地面、用具、工作服等要定期进行消毒。要消灭猪舍内的苍蝇等，以控制本病的发生。

② 猪链球菌氢氧化铝菌苗，不论大小猪一律肌内或皮下注射5毫升（浓缩苗3毫升），注射后21天产生免疫力，免疫期约6个月。链球菌弱毒菌苗，每头份加入20%铝胶生理盐水1毫升稀释溶解后，断乳仔猪到成年猪，一律肌内或皮下注射1毫升。该菌苗也可口服，但用量加倍。

3.治疗

① 对败血症型和脑膜脑炎型可用抗生素和磺胺类药物进行治疗。如青霉素每头40万～100万单位，肌内注射，每天2～4次。庆大霉素每千克体重1～2毫克，肌内注射，每天2次。

② 磺胺嘧啶钠注射液，每千克体重0.07克，肌内注射，首次加倍。乙基环丙沙星每千克体重2.5～10毫克，每12小时注射1次，连用3天，效果明显。

③ 淋巴结脓肿型用刀切开，排出脓汁，用双氧水冲洗后，再涂以碘酊。

十七、增生性肠病

仔猪增生性肠病也叫肠腺瘤、增生性肠炎，是原发性劳氏胞内菌和继发性的唾液弯曲菌所引起仔猪的一种传染性肠道疾病。本病的特征为腹泻，增生性、局部性、坏死性肠炎。

1.临床症状

潜伏期3～6周。6～20周龄的断乳仔猪，慢性的临床症状为瘦小，虽然吃食正常，但生长发育迟滞。如回肠发生病变时则发生贫血。对食物好奇，但拒绝进食。表现迟钝、冷漠。有的发生腹泻，但粪便颜色正常。当肠道发生大面积损伤时，可发生无规律的腹泻，贫血，体重下降，病猪瘦长。较为严重的病猪，肠黏膜出现非常严重的炎症和坏死病变，呈现坏死性肠炎和局限性肠炎，在临床上持续腹泻和营养低下。由于回肠壁形成穿孔，最终发生腹膜炎。怀孕母猪出现症状后6天，发生流产。

2.预防

① 预防本病发生的基本原则是杜绝本病的传入，切断传染环节，坚持对猪群隔离饲养，实行全进全出和早期断乳隔离饲养，剖腹取仔，建立清净健康群。

② 猪出场后，对猪舍要用热水冲洗，然后用药物消毒，1小时以后再用清水冲洗1次，空闲1周，完全干燥后再进猪。

③ 对于疫区的猪可采用间断式给药法，以预防和减少发病。对一定时期的生长猪，每隔2～3周给1次添加有效剂量抗菌类

药物的饲料或饮水。

④ 由于鼠类也带本菌，所以在猪舍内要消灭老鼠。

3.治疗

① 对繁育期猪群中的急性增生性肠病，并认为以前猪群无本病发生时，取硫黏菌素120毫克/千克体重，或泰乐菌素100毫克/千克体重，或金霉素400毫克/千克体重，饮用或拌料口服；也可对感染猪或接触猪肌注。连用14天。

② 在更新猪群时，对新种猪在运输经过污染区及进入感染群前进行预防性治疗。取硫黏菌素120毫克/千克体重，或泰乐菌素100毫克/千克体重，或林可霉素110毫克/千克体重，或金霉素300毫克/千克体重，拌料口服或饮水，连用14天。

③ 在青年猪和育肥猪中流行该病时，用硫黏菌素50毫克/千克体重，或金霉素200毫克/千克体重，或林可霉素110毫克/千克体重，拌料口服或饮水，或肌内注射。怀孕母猪在产仔前1～2周进行治疗，能减少仔猪的感染。一定要保持用药剂量，不然效果不佳。

十八、坏死杆菌病

仔猪坏死杆菌病俗称眼子病、开疮，是由坏死杆菌所引起仔猪的一种慢性传染病。特征是皮下和消化道黏膜坏死，内脏器官转移坏死灶。

1.临床症状

潜伏期1～3天。主要症状分4种类型。

（1）坏死性皮炎　在体表和皮下组织发生坏死和溃烂，尤其是体侧、头、颈、臀部多见。初期，皮肤微肿，有一层干痂，硬固肿胀，无热无痛。痂下深部组织坏死，形成囊状坏死灶，内含黄色恶臭液体，以后皮肤腐烂，胸、腹部或颈部透创。病猪体温升高，食欲减退，如有混合感染会造成死亡。仔猪及架子猪多发。

（2）坏死性肠炎　病猪表现腹泻，排出带血脓样或坏死黏膜的粪便，恶臭。本病常与猪瘟、副伤寒并发或继发感染。

（3）坏死性鼻炎　病猪呼吸困难，咳嗽，流出脓性鼻液。鼻黏膜出现溃疡，并形成白色伪膜。坏死组织会波及鼻甲软骨、鼻和面骨，严重的会蔓延鼻旁窦、气管和肺组织。有的发生腹泻。此型仔猪和架子猪多见。

（4）坏死性口炎　病猪体温升高、厌食、腹泻、消瘦。口臭，流涎，从鼻孔流出黄色脓性分泌物。口腔黏膜红肿，在齿龈、舌、上腭、唇、颊及咽等处，见有灰白色或褐色伪膜，伪膜下为溃疡。病情进一步发展，不食，呼吸困难，呕吐，颌下水肿。严重的会波及内脏，引起死亡。病程4～5天或更长。本型仔猪多见。

2.预防

① 对于本病应采取综合防制措施。要搞好猪舍卫生，定期进行消毒。

② 要注意猪只安全，在舍中防止咬伤、擦伤、碰伤。在运输中要避免擦伤。新引进猪只入舍时，要注意控制猪只打架咬伤。

③ 经常观察猪群，发现病猪要及时治疗，对坏死组织、创液不能乱扔，应集中烧毁。目前，尚无菌苗防制本病。

3.治疗

① 首先清除坏死组织，用消毒剂冲洗，然后用5%碘酊或5%硫酸铜溶液填塞。或取雄黄30克，陈石灰100克，加桐油调成糊状，填充创口。

② 用0.1%高锰酸钾溶液冲洗口腔，涂以碘甘油，每天1～2次，连用2～3天。

③ 用四环素、土霉素、磺胺类药物进行治疗，均有较好

疗效。

④ 要对症治疗，如强心、补液、解毒等，可提高治愈率。

十九、肺炎双球菌败血症

仔猪肺炎双球菌败血症是由肺炎双球菌引起仔猪的一种急性败血性传染病。本病的特征为败血症、肺炎、关节炎和胃肠炎。

1.临床症状

潜伏期3～15天，平均为3～7天。

（1）最急性型（毒血败血型）　发病突然，体温升高，体质衰弱，可视黏膜充血、潮红。呼吸和脉搏加快，从鼻孔流出泡沫状液体，全身震颤，病程3～10小时死亡。

（2）急性型（败血型）　除见有败血症的症状外，常有湿性咳嗽，疼痛，从鼻孔流出鼻液，鼻孔常被污秽的干痂堵塞，呼吸困难。剧烈腹泻，腹痛。关节肿胀，跛行。因臀部肌肉麻痹而卧地。

2.预防

① 对仔猪加强管理，供给全价饲料，以提高仔猪的抵抗力。对舍内的粪便经常清除，对地面、用具、工作服等定期进行消毒处理。

② 对饲料和饮水要严加管理，防止被病菌污染。对仔猪群经常观察，发现病猪应立即隔离治疗。

3.治疗

① 应用青霉素和磺胺类药物进行治疗。在治疗中，应依据仔猪的全身状况，进行对症治疗，如采用解热、镇痛、祛痰等。

② 对母猪的子宫内膜炎和乳腺炎应及时治疗。子宫内膜炎，可用子宫洗涤器导入0.1%高锰酸钾溶液或生理盐水或温开水对子宫进行冲洗。然后导入10%磺胺噻唑注射液20～50毫升，或青霉素40万单位，隔日1次。乳腺炎时应挤出病叶乳汁，涂上大

黄末软膏或鱼石脂软膏，口服泻剂。病重的母猪，用普鲁卡因青霉素做乳房基底部封闭。已化脓的应切开，按化脓创处理。也可应用抗菌药物，进行全身消炎。

二十、气喘病

仔猪气喘病也叫猪支原体肺炎、猪地方流行性肺炎，是由猪肺炎支原体引起仔猪的一种接触性、慢性呼吸道病。本病的特征为咳嗽，气喘，呼吸困难。肺有融合性支气管肺炎病变。

1.临床症状

潜伏期5～7天，最长达1个月以上。

（1）急性型　病猪精神沉郁，呼吸加快，每分钟达60～120次。喜卧，不愿走动。随后出现腹式呼吸，两前肢叉开，呈犬坐姿势。严重病猪，张口喘气，从口、鼻流出泡沫样鼻液。有时发出连续性至痉挛性咳嗽。只有少数病猪有微热。食欲一般正常，只有呼吸困难时食欲才减退或拒食。本型多见于新发生猪支气管肺炎的猪群，发病重，病程短，病死率高，经1～2周而死亡。幸存者转为慢性。

（2）慢性型　主要症状为长时间咳嗽，尤其是早晨起立驱赶、夜间运动时和进食后发生咳嗽。由轻到重，严重时出现连续性痉挛性咳嗽。咳嗽时弓背、伸颈、头下垂，直到呼吸道中分泌物咳出为止。进一步发展时，呼吸困难，呈腹式呼吸，后期不食。仔猪消瘦、体弱，发育缓慢，如有继发感染可引起死亡。病程2～3个月，有的长达半年以上。发病率高，病死率低。该型在老疫区多见。

（3）隐性型　病猪一般不显临床症状，有时在夜间或驱赶运动后出现轻微的咳嗽和气喘。生长发育基本正常。用X线检查时，可见到肺炎病变。该型在老疫区多见，若被忽视，则成为危险的传染源。

2.预防

① 采取综合防制措施控制本病。加强饲养管理，坚持经常性的卫生消毒工作。采取自繁自养的方式，不要从外地引进猪只。推广人工授精技术，实行"三定"，即固定猪舍、固定饲养人员、固定工具。

② 经常观察猪群，发现咳嗽、气喘的病猪应立即隔离，检疫，确诊治疗。对猪舍，在搞好清洁卫生的基础上，要进行全面消毒。同时，对病群猪用抗生素治疗，促进病猪尽快康复。最根本的措施是用康复后母猪和无特定病原体猪培育健康群。

③ 已研制出猪气喘病成年兔冻干菌苗、鸡胚卵黄囊冻干菌苗、乳兔肌肉冻干菌苗、兔化弱毒菌苗，免疫期达12个月。安全有效，无副作用。

3.治疗

① 盐酸土霉素30～40毫克/千克体重，用灭菌注射用水稀释后，分点肌内注射，每天1次，连用3～4天。泰乐菌素4～9毫克/千克体重，肌内注射，每天1次，连用3～5天。

② 林可霉素50毫克/千克体重，肌内注射，每天1次，连用5天。

③ 卡那霉素注射液3万～4万单位/千克体重，肌内注射，每天1次，连用3～5天。

第三节 病毒性疾病

一、传染性胃肠炎

仔猪传染性胃肠炎是由冠状病毒所引起仔猪的一种高度接

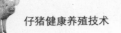

触性消化道传染病。本病的特征为呕吐，水样腹泻，脱水。病死率高。

1.临床症状

仔猪潜伏期最短为12～19小时，成年猪为2～4天。仔猪的典型症状是突然发生呕吐，接着发生急剧的水样腹泻，粪便中含有凝乳块，粪便腥臭，呈黄绿色或灰色，有时为白色。病初体温升高，腹泻后下降。病猪很快脱水，口渴，食欲减退或拒食，消瘦。病程2～7天死亡。

2.预防

① 加强饲养管理，搞好清洁卫生和消毒工作。不要从疫区和病猪场引进猪只。如必须从外地引进种猪或仔猪，应进行隔离检疫，确认无病后方可入群。坚持自繁自养的原则，严防将本病传入场内。对于猪舍地面、运动场上的粪便及污物要及时清除，同时定期对地面、用具、工作服等进行彻底消毒。

② 对于已发病的猪场，要立即封锁隔离，限制人员往来。用生石灰、碱性消毒剂对猪舍地面、用具等进行严格消毒。由于狗、猫、狐狸体内带有本病毒，尤其是狗排出的病毒能感染猪。所以，猪舍严禁狗、猫、狐狸入内。

③ 预防本病发生，最好进行免疫注射。用猪传染性胃肠炎弱毒疫苗给怀孕母猪产前45天和15天各注射1次，肌内或鼻内接种1毫升。仔猪出生后可从乳汁中获得保护性母源抗体，被动保护率达95%以上。还可用猪传染性胃肠炎与猪轮状病毒二联灭活疫苗或猪传染性胃肠炎与猪流行性腹泻二联氢氧化铝疫苗，打一针可预防两种传染病。

3.治疗

① 本病目前尚无有效的治疗方法，只有采取对症治疗。

② 为预防细菌的继发感染，可用庆大霉素、黄连素、氟哌

酸、环丙沙星、恩诺沙星、制菌磺等进行治疗。为预防脱水和酸中毒，可取氯化钠3.5克，氯化钾1.5克，碳酸氢钠2.5克，葡萄糖20克，水1000毫升，配成溶液，让猪自由饮服。

③ 仔猪每头取桂圆壳15克，加水200毫升，煎汁至50毫升左右，去渣候温胃管灌服，或拌料喂服，每天2次，轻者1天、重者2～3天可愈。

二、流行性腹泻

仔猪流行性腹泻是由流行性腹泻病毒所引起仔猪的一种急性、接触性肠道传染病。本病的特征为排出水样粪便，呕吐，脱水。

1.临床症状

自然感染的潜伏期为5～8天，人工感染新生仔猪为18～24小时，育肥猪约为2天。病猪精神不振，食欲减退，体温稍高或正常。多在吮乳或吃食后发生呕吐，吐出物颜色为黄色或深蓝色。然后排出水样粪便，粪便颜色为灰黄色、灰色或呈透明水样，污染臀部。此时，病猪精神极度沉郁，眼窝下陷，脱水，拒食，消瘦。日龄超小者发病超重。1周龄以下的新生仔猪腹泻3～4天，严重脱水死亡。

2.预防

① 加强饲养管理，搞好猪舍卫生，定期进行消毒，防止本病侵入猪群。坚持自繁自养的原则，不要从场外购入猪只。如必须购入时，一定做好隔离检疫，确认无病后才能入群。

② 处于隐性感染的猪场，应严格控制人员、动物和交通工具流动，以减少传染的危险性。

③ 对于猪场内的粪便，每天要及时清除，并定期观察猪群，发现病猪立即隔离、确诊，采取紧急的防制措施，控制本病蔓延。

④ 猪流行性腹泻氢氧化铝灭活疫苗主要供妊娠母猪的被动免疫用，断乳仔猪及其他猪只主动免疫注射用，免疫产生期为2周，免疫保护期为6个月。妊娠母猪于产前20～30天，每头后海穴（尾根与肛门之间）注射3毫升。体重10千克内的猪每头注射0.5毫升，10～25千克的猪每头1毫升。此外，还可应用猪传染性胃肠炎与猪流行性腹泻二联灭活疫苗，打一针可预防两种病。妊娠母猪于产前20～30天，每头后海穴接种4毫升，体重25千克以下的仔猪1毫升。

3.治疗

① 本病当前尚无有效的治疗药物，只有采取对症治疗。

② 用2.5%恩诺沙星注射液每10千克体重1毫升，肌内注射，每天1次。或用盐酸环丙沙星每千克体重2.5毫克，肌内注射，每天2次。可预防细菌继发感染。

③ 病猪群每天口服补液盐，也可用康复母猪抗凝血或高免血清，每天口服10毫升，连用3天。

④ 取新城疫I系苗500份，加注射用水50毫升，每头每次5毫升，肌内或后海穴注射，每天1次，连用2天，作为干扰素诱导剂，有一定治疗效果。

三、轮状病毒性腹泻

仔猪轮状病毒性腹泻是由轮状病毒所引起的仔猪的一种急性肠道传染病。本病的特征为厌食，呕吐，腹泻。

1.临床症状

潜伏期为12～24小时。初期病仔猪精神沉郁，食欲减退，喜卧，呕吐。很快发生腹泻，粪便呈水样或糊状，呈黄白色或暗黑色，腹泻3～7天，严重脱水，消瘦。体重减轻30%。如果气温下降，继发细菌感染，可使病情恶化，病死率增高。

2.预防

① 加强饲养管理，搞好舍内的卫生消毒工作。让新生仔猪较早吃到初乳，得到母源抗体保护。断乳仔猪应供给全价饲料，提高其抗病力。猪舍的粪便要及时清除，对地面、用具、工作服等，定期进行消毒。

② 免疫注射猪传染性胃肠炎与猪轮状病毒二联灭活疫苗，经产母猪和后备母猪，在产前5～6周和1周各肌内注射1毫升，免疫期为1年。新生仔猪喂乳前肌注1毫升，至少30分钟后再喂乳，免疫保护期1年。仔猪断乳前7～10天肌内注射2毫升，免疫保护期6个月。

3.治疗

① 本病没有特效治疗药物。对病猪可采取对症治疗，如补液、收敛止泻、抗菌消炎等。

② 用庆大霉素、氟哌酸、黄连素、恩诺沙星、制菌磺等防止继发感染。

③ 给新生仔猪口服康复猪的血清或全血，有预防和治疗作用。

四、伪狂犬病

仔猪伪狂犬病也叫奥者士奇病，或称阿氏病，是由伪狂犬病病毒所引起仔猪的一种急性传染病。本病的特征为仔猪出现发热和神经症状，病死率高。

1.临床症状

潜伏期3～6天。哺乳仔猪和断乳仔猪病情严重。哺乳仔猪病初体温升高达41～42℃。精神沉郁，食欲减退。眼睑肿胀，瞳孔散大，眼球上翻，视力减退或丧失。呼吸困难，呈腹式呼吸。有的病猪呕吐或腹泻。后期出现神经症状，如兴奋不安，震颤，直冲或转圈运动，声音嘶哑，痉挛，麻痹，卧地四肢呈游泳状。最后因极度衰竭死亡。断乳仔猪只表现高热，体温达41℃，精神不振，食欲减退。有的病仔猪耳尖发紫，呕吐和腹泻，咳嗽，震颤，抽搐，病程4～8天，多半康复，病死率低。妊娠母猪流产，出现死胎、木乃伊胎，或产出弱仔。仔猪厌食、便秘、惊恐、视觉消失、眼结膜炎。

2. 预防

① 要坚持自繁自养的原则，实行全进全出的制度。必须从场外引进种猪时要隔离、检疫，确认无病后方可入群。

② 平时要做好卫生消毒工作，对猪舍内的粪便及污物每天都要清除，堆肥发酵处理，对猪舍的地面、墙壁、设备及用具等都要定期消毒。

③ 由于鼠类也是本病的重要传染源，所以在猪场内要消灭鼠类，防止犬、猫等动物进入猪场。

④ 对种猪场的母猪和公猪每3个月采血1次，做感染监测，发现阳性猪应及时淘汰。对于感染猪场应采取净化措施，如全群淘汰更新，淘汰阳性猪，隔离饲养阳性母猪所生的仔猪等。对于育肥猪场中发病的乳猪、仔猪均予淘汰，其余仔猪与母猪一律注射伪狂犬病疫苗。

⑤ 使用伪狂犬病疫苗（基因缺失苗）时，用灭菌的磷酸盐缓冲液或生理盐水40毫升稀释，乳猪每头股内侧肌内注射0.5毫升。断乳仔猪每头臀部肌内注射1毫升。生产母猪在每次配种前，臀部肌注2毫升，其所产仔猪通过初乳获得免疫，不用接种疫苗。断乳后仔猪每头再注射1毫升。疫苗接种后6天产生免疫力，免疫保护期达1年。但必须注意，患病、瘦弱和刚阉割的仔猪不宜接种。

3. 治疗

① 本病目前无有效的治疗方法，只有采取对症治疗措施。

② 在病仔猪出现神经症状之前，注射高免血清或康复猪血液，有一定疗效。由于耐过猪长期带毒，注射后仍应进行隔离观察，成年猪一般不需要治疗。

五、断乳后全身消耗性综合征

仔猪断乳后全身消耗性综合征也叫断乳后全身衰竭综合征，是由猪圆环病毒Ⅱ型所引起仔猪的一种新的传染病。本病的特征为断乳后仔猪多系统进行性衰竭，病理损伤。

1.临床症状

仔猪断乳后2～3周，多系统进行性功能衰竭。病猪表现生长发育受阻，贫血，皮肤和黏膜苍白，精神不振，食欲减退，腹泻，咳嗽、呼吸困难。肌肉软弱无力。有的病猪出现黄疸。淋巴结肿大。

2.预防

目前尚无疫苗应用。对断乳后的仔猪应加强护理，供给全价饲料。搞好舍内清洁卫生和消毒工作。减少应激刺激，保持舍内干燥、通风、保暖。

3.治疗

本病目前尚无有效的治疗药物。

六、先天性震颤

仔猪先天性震颤也叫传染性先天性震颤，俗称仔猪跳跳病或仔猪抖抖病，是猪圆环病毒Ⅰ型所引起新生仔猪的一种传染性疾病。本病的特征为初生仔猪局部或全身肌肉震颤。

1.临床症状

仔猪出生后立即出现震颤，有的全窝、有的部分仔猪出现症状，如全窝发病则症状严重，部分仔猪发病则症状轻，不易发现。局部症状为耳和尾抖动，严重的全身有节奏地阵发性痉挛，躯体和头部剧烈抖动。站立不稳定，多为跳跃姿势。不能走路，吃奶困难，多因饥饿而死。受外界刺激，如惊扰、驱赶、寒冷、噪声等突然刺激使病情加重。本病站立时症状明显，躺卧时症状缓解，睡觉时症状消失。有的病例后躯肌肉强直性痉挛，尾部轻微震颤，后肢叉开呈犬坐姿势。驱赶时，步态僵硬。本病耐过1周可不死，3周内震颤逐渐减轻或消失。妊娠母猪在发病的仔猪出生前没有任何症状。

2. 预防

① 应加强饲养管理和采取兽医卫生措施。对仔猪舍在早春和冬季注意保暖，保持干燥，搞好清洁卫生和消毒工作。让仔猪及时吃上母乳，如奶水不足或乳少仔猪多，应采取代养或人工哺乳，可使多数仔猪自然恢复，减少病死率。

② 由于公猪通过交配能将病毒传染给母猪，所以对公猪要进行检查，发现阳性的应立即淘汰，不然后患无穷。

③ 猪场应坚持自繁自养的原则。必须从场外引进种猪时，一定要了解原场病史和隔离检疫，确认健康后方可入群。

④ 也可将空怀母猪在配种前放入病猪群中，使其获得感染免疫，以防止交配时再感染和在母体内垂直感染仔猪。

3. 治疗

目前尚无有效的治疗药物和疫苗。只有采取对症疗法，如对于震颤的仔猪，可用硫酸镁进行对症治疗，以减轻症状和病死率。

七、口蹄疫

口蹄疫是由口蹄疫病毒所引起偶蹄动物如猪、牛、羊等的一种急性、热性、接触性传染病。本病的特征是口腔黏膜、蹄部和乳房等部位有水疱和烂斑，仔猪为急性胃肠炎和心肌炎。

1. 临床症状

潜伏期1～2天。初期，体温升高达40～41℃。精神沉郁，食欲减退或拒食。仔猪水疱症状不明显，主要表现为新生仔猪发生急性胃肠炎，突然死亡，断乳仔猪感染时常引起心肌炎而导致死亡。成年猪主要表现在蹄冠、蹄踵、蹄叉、口腔黏膜、舌面及母猪乳房、乳头等处出现大小不等的水疱和溃疡。1周左右恢复。如被细菌感染，局部化脓坏死，蹄壳脱落，有痛感，患肢不能着地，走路时跛行。妊娠母猪感染后易发生流产。成年猪病死率不超过3%。

2. 防制

（1）本病为国际性传染病，发现疫情后，应立即向上级主管部门报告。必须很快确诊，迅速采取封锁措施，防止疫情扩散。

（2）对于病猪群应采取全部扑杀措施，然后烧毁，深埋。疫点周围受威胁区的猪全部注射疫苗。我国已研制出了猪口蹄疫灭活疫苗、口蹄疫佐剂灭活疫苗及口蹄疫鸡胚弱毒疫苗，已在生产上应用。但发生本病的血清型应与疫苗相一致，不然无效。

（3）发病猪场，对猪舍地面、运动场的粪便清除后，应用1%～2%氢氧化钠溶液或30%草木灰水彻底消毒。对于清除的粪便、污染的饲料和饮水均应做无害化处理。对场内工作人员工作服、胶靴、工具等也应进行消毒处理。疫区内最后1头猪处理后或死亡14天后不再出现新疫情，彻底消毒，经检查验收合格后才能解除封锁。

八、猪瘟

仔猪猪瘟俗称烂肠瘟，是由猪瘟病毒所引起猪的一种急性、热性、接触性传染病。急性型为败血症，慢性型为纤维素性、坏

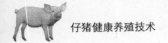

死性肠炎，非典型型为高热、干耳干尾、皮肤干性坏死。

1.临床症状

本病潜伏期短的2天，长的21天，平均7天。根据病程分4个类型。

（1）最急性型　突然发病，高热41℃左右，稽留。皮肤、黏膜发绀，出血。肌肉颤抖，抽搐。病程1～2天，病死率100%。发病初期和新疫区多发。

（2）急性型　病猪精神沉郁，食欲减退或拒食，口渴。体温40～41℃，持续不退。病猪弓背，寒战，行动迟缓，走路摇摆不稳。喜钻草堆，嗜睡。眼结膜发炎，有多量脓性分泌物，严重时眼睑封闭。病猪先便秘，后腹泻。在腹下、耳根、下颌、四肢内侧、外阴等处可见紫红色斑点。公猪包皮内积有臭味的混浊液体。仔猪出生后主要表现神经症状，痉挛，角弓反张，转圈运动，磨牙，或抽搐，震颤，最后死亡。此型较为典型。

（3）慢性型　病猪消瘦，贫血，喜卧，走路缓慢，时有低热。便秘和腹泻交替。皮肤上有紫斑、丘疹，有的坏死。病程较长，有的耐过而康复。

（4）非典型型　病情发展缓慢。症状及病变不典型。体温持续40℃左右，皮肤尤其是腹部皮肤淤血或坏死。见有干尾巴，紫斑蹄。皮肤损伤流血不止。粪便干稀交替。病猪瘦弱，病程1～2个月。仔猪病死率高，成年猪多数耐过，生长受阻。

2.预防

（1）猪场要坚持自繁自养的原则，做好消毒和检疫工作。引进猪时一定隔离检疫，无病时才能入群。动物和人是传染媒介，防止动物和场外人员进入猪舍。由于苍蝇、蚊子及蚯蚓也能传播本病，所以，猪舍内一定要消灭蚊、蝇及蚯蚓。由于肺丝虫易传播本病，所以对猪只要定期驱虫。对猪舍和运动场要及时清除粪便，定期消毒。

（2）我国已研制出猪瘟兔化弱毒冻干疫苗、猪瘟与猪丹毒二联苗及猪瘟、猪丹毒、猪肺疫三联苗，已广泛应用。其免疫程序是种母猪配种前免疫1次，免疫母猪所产仔猪20～25日龄首免，60～65日龄二免；种公猪、种母猪春、秋各免疫1次；初生仔猪在吃初乳前1～1.5小时首免，断乳后二免。

3.治疗

① 本病目前尚无有效的治疗方法，只有采取对症治疗。

② 取红霉素60万单位，加注射用水10毫升与5%～10%葡萄糖溶液150毫升，1次静脉注射，每天2次。同时取30%安乃近注射液10～20毫升肌内注射，每天1次。

九、繁殖–呼吸综合征

仔猪繁殖-呼吸综合征也叫蓝耳病，或称神秘病，是由繁殖-呼吸综合征病毒所引起仔猪的一种急性、高度接触性传染病。本病的特征为仔猪呼吸困难，耳尖、耳根发绀呈蓝紫色，体温升高，腹泻、消瘦。妊娠母猪流产、死胎、木乃伊胎。

1.临床症状

潜伏期为仔猪2～4天，母猪4～7天。仔猪体温升高至40～41℃，食欲减退或拒食。呼吸困难，呈腹式呼吸。离群或挤堆，精神沉郁，被毛蓬乱，运动共济失调。耳尖和耳根发绀，呈蓝紫色。外阴、尾根、四肢见有血斑。腹泻，后肢麻痹，眼睑肿胀，结膜发炎，脱水，消瘦，后期出现神经症状，身体衰竭而死亡。早产仔猪出生时已死亡，有的存活但体质弱。正常产的仔猪体弱，2～3天后发生腹泻，病死率高。母猪多呈一过性或亚临床感染，妊娠母猪流产、早产，产死胎、木乃伊胎。血液检查可见白细胞和血小板减少。

2.预防

① 控制本病的主要措施是切断传播途径。对发病猪场要严密封锁，禁止猪只调运。对于核心猪群，应实施全面的、严格的兽医卫生措施，如搞好舍内外清洁卫生，对地面、用具、车辆、工作服等全面定期消毒。

② 严禁从发病国家和地区引进猪只。对于新购入的猪只应隔离检疫8周以上，确认无病后才能混群。

③ 对于母猪群和种公猪进行血清学检测，淘汰阳性猪，培育清净的健康猪群。认真执行防疫制度，定期注射疫苗。控制猪群的饲养密度，要消灭猪场内的鼠类和防止野鸟入内。

④ 可使用猪繁殖 - 呼吸综合征灭活疫苗，仔猪出生后20天，每头皮下或肌内注射1毫升。母猪在配种前5～7天，首免每头皮下或肌内注射2毫升，间隔20天以同样剂量加强免疫1次，以后每6个月注射1次。应注意的是，注射疫苗时个别猪会出现局部肿胀，可在短时间内消失。

3.治疗

① 本病目前尚无有效的治疗方法，只有采取对症治疗措施。

② 为防止细菌继发感染，可用抗生素和磺胺类药物进行治疗，也可用安乃近或安痛定解热镇痛，同时注射葡萄糖生理盐水及维生素等，可缓解病情。

十、血凝性脑脊髓炎

仔猪血凝性脑脊髓炎也叫仔猪呕吐消耗病，是由血凝性脑脊髓炎病毒所引起的一种急性传染病。本病的特征为呕吐，消瘦，中枢神经障碍。病死率高。

1.临床症状

猪在感染该病毒后，临床上出现两种不同的症状。

（1）脑脊髓炎型　4～7日龄的仔猪多发。病猪表现精神沉郁，食欲减退，体温升高达40℃以上。可见轻度的呕吐和便秘。打喷嚏，咳嗽。1～3天后，出现神经症状，对声音和触摸敏感，全身肌肉震颤，步态蹒跚，运动失调。有的猪后肢麻痹，常呈犬坐姿势。病的后期，不能站立，四肢呈划桨状，鼻和蹄发绀，角弓反张，眼球颤抖，呼吸困难，昏睡，虚脱，衰竭而死亡。仔猪的病死率几乎为100%。

（2）呕吐消瘦型　病初体温升高，1～2天后恢复正常。生后2～3天出现呕吐，吐出物带有恶臭味，停止吃奶，渴欲增加。不久发生便秘。聚堆，倦怠，弓背，眼结膜蓝紫色，磨牙。病重的仔猪咽喉肌肉麻痹，将嘴插入水中而不能喝水。饥饿和脱水，消瘦，体重减轻。病死率为20%～80%。幸存者发育受阻而成为僵猪。

2.预防

① 加强饲养管理，认真搞好舍内的清洁卫生和消毒工作。

② 从场外引进猪时一定做好隔离、检疫工作，确认无病后方可入群。

③ 经常观察仔猪，发现有神经症状和呕吐的仔猪，应立即隔离，确诊，扑杀仔猪，猪场全面消毒。禁止移动病猪和可疑带毒猪，并且停止繁殖生产。

3.治疗

目前尚无有效的治疗药物和疫苗。为预防继发感染，可用抗生素对症治疗。

十一、日本乙型脑炎

仔猪日本乙型脑炎也叫流行性乙型脑炎，简称乙脑，是由日本乙型脑炎病毒所引起的一种人畜共患传染病。本病的特征为

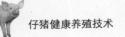

仔猪脑炎，怀孕母猪流产、死胎、木乃伊胎，公猪睾丸肿大、发炎。

1. 临床症状

潜伏期人工感染3～4天。仔猪精神不振，眼结膜潮红，食欲减退，渴欲增加。喜卧，昏睡。体温突然升高至40～41℃。排出的粪便干燥，尿液为深黄色。出现磨牙，抽搐，盲目冲撞，后肢麻痹等神经症状。后期，衰竭而死亡。妊娠母猪无明显临床症状，只表现流产、死胎、木乃伊胎。怀孕以后感染本病的母猪所生的仔猪每窝个头大小不一。

2. 预防

① 由于蚊子是传播本病的媒介，所以，在有蚊虫季节，猪场内要用药物喷洒等措施消灭蚊子。同时要清除蚊子滋生的场所，如排除场内的积水、铲除青草等。

② 由于蝙蝠也带有本病的病毒，所以，要控制或消灭蝙蝠，决不能让其进入猪舍。同时在猪舍内要架上铁丝网，防止野鸟进入舍内。

③ 控制本病的积极措施是给猪注射疫苗。目前研制的疫苗有弱毒疫苗和灭活疫苗。免疫程序是青年公母猪在发病季节前6周，每头肌内注射弱毒疫苗1毫升，间隔14天后再注射1次，怀孕母猪用灭活苗肌内或皮下注射5毫升。

3. 治疗

本病目前尚无有效治疗药物，只有根据病猪临床症状，进行对症治疗。

十二、东部马脑脊髓炎

仔猪东部马脑脊髓炎简称东部马脑炎，是由东部马脑炎病毒所引起仔猪的一种地方性传染病。本病的特征为脑炎，出现神经症状。

1.临床症状

本病主要感染哺乳仔猪。病猪精神沉郁，食欲减退，运动失调，平卧或侧卧，出现抽搐等神经症状。只有一过性体温升高，最后衰竭，死亡。

2.预防

用马的疫苗给母猪免疫注射，使母猪产生母源抗体，通过初乳将母源抗体传递给仔猪，可对断乳早期猪起到保护作用。接种过疫苗的母猪所生的仔猪没有临床症状，不发热，也没有组织学病变。

3.治疗

目前没有特效的治疗药物，只有采取对症治疗措施。

十三、脑-心肌炎

仔猪脑-心肌炎是由脑-心肌炎病毒所引起仔猪的一种致死性传染病。本病的特征为脑炎、心肌炎或心肌周围炎。

1.临床症状

本病人工感染的潜伏期为2～4天。

（1）最急性型 仔猪在没有前期症状的情况下突然死亡，或短时间兴奋、虚脱死亡。

（2）急性型 病仔猪短暂发热（41～42℃），食欲减退或拒食，精神沉郁。震颤，步态蹒跚，呕吐，腹泻。呼吸困难，虚脱，渐进性麻痹。断乳仔猪和成年猪为亚临床症状。怀孕母猪在妊娠后期发生流产、死产、木乃伊胎或弱胎。

2.预防

① 本病为自然病原性人畜共患传染病，是由鼠类传播的。因此，在猪场内要消灭鼠类等啮齿动物，要防止鼠类偷食或污染

饲料和水源。

②加强饲养管理，搞好环境卫生和消毒工作。

③经常观察猪群，发现病仔猪应立即隔离、确诊，对病死猪进行无害化处理，并对猪舍做好消毒工作。

④耐过的猪要避免移动，以防心脏病的后遗症而导致死亡。

⑤应用细胞培养增殖病毒，用甲醛灭活后制成油乳剂灭活疫苗，母猪皮下或肌内注射5毫升，有较好的免疫效果。

3.治疗

目前尚无有效的治疗药物，对于有病仔猪只有对症治疗，对病猪应加强护理，减少应激刺激，降低病死率。

十四、包涵体鼻炎

仔猪包涵体鼻炎也叫细胞巨化病毒感染，是由细胞巨化病毒引起的一种传染病。本病的特征为鼻炎，从鼻孔流出浆液性分泌物，打喷嚏，流泪。在巨细胞内有嗜碱性核内包涵体。

1.临床症状

本病的潜伏期2～10天。未获母源抗体的新生仔猪，感染后表现食欲不振，打喷嚏，流鼻液、鼻塞，呼吸困难。有眼眵，精神沉郁等症状。康复后发育受阻，或成为僵猪。4～6周龄的仔猪表现呼吸症状，发育不良或成为僵猪。自然感染猪，呼吸困难，打喷嚏，震颤等。妊娠母猪感染后出现食欲不振，精神萎靡、发呆，有时产死胎、木乃伊胎。所生的部分仔猪贫血，颈部、胸部、下腹部及跗关节附近皮下水肿。病死率很低，多数病猪3～4周恢复。

2.预防

①加强饲养管理，搞好卫生消毒工作。引进新猪时必须隔离，检疫，无病时才能入群。

②　加强管理，对猪舍及运动场的粪便要及时清除、堆积发酵处理。对地面、用具、工作服等定期进行全面消毒。同时，要供给全价饲料，提高仔猪抵抗力。目前，尚无防制本病的疫苗。

3.治疗

目前尚无有效的治疗药物。在发病时，可用抗生素控制细菌的继发感染。此外，还应对症治疗。

十五、流行性感冒

仔猪流行性感冒简称猪流感，是由A型流感病毒引起仔猪的一种急性、热性、高度接触性呼吸道传染病。本病的特征为突然发病，咳嗽，呼吸困难，发热，衰竭和康复迅速。

1.临床症状

潜伏期2～7天。病猪突然发病，体温升高到40.3～41.5℃。呼吸困难，咳嗽，打喷嚏。眼结膜炎和鼻炎，从眼和鼻流出浆液性或脓性分泌物。肌肉、关节有痛感，用手触摸时表现敏感。精神沉郁，食欲减退或拒食。四肢无力，喜卧，常见病猪挤堆。如有细菌感染，病情加重，发生肺炎或肠炎而死亡。非典型病猪，发病缓慢，症状轻，个别的转为慢性，长期咳嗽，消化不良、消瘦，病期长达1个月以上。

2.预防

①　加强饲养管理，保持猪舍内清洁、干燥、温暖，垫草要勤起勤换。舍内清扫后要定期进行消毒。在寒冷的季节不要长途运输猪只。发现猪肺丝虫病，应及时防治。

②　一旦发病，应采取封锁、隔离措施。多补给含维生素的新鲜饲料，供给充足的清洁饮水。对新生仔猪要加强管理，让其吃饱。

③　目前已有减毒疫苗和灭活疫苗两种，有人用活疫苗经皮

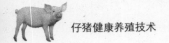

下或肌内接种猪，可产生免疫力，保护猪只。

3.治疗

① 本病目前尚无有效的治疗方法，只有采取对症治疗。

② 为了控制细菌感染，可用抗生素或磺胺类药物进行治疗。解热镇痛可用30%安乃近注射液3～5毫升肌内注射。同时，可用感冒冲剂或板蓝根冲剂喂服。均有一定的效果。

十六、猪痘

仔猪痘俗称天花，是由猪痘病毒和痘苗病毒所引起仔猪的一种急性、热性、接触性传染病。本病的特征是在皮肤和黏膜上出现红斑、丘疹、水疱、脓疮和结疤。

1.临床症状

猪痘病毒的潜伏期3～6天，痘苗病毒2～3天。病仔猪精神沉郁，食欲减退，体温升高。眼和鼻有分泌物。痘疹初期为红斑，逐渐变为丘疹，几天后形成水疱，化脓后变为脓疮，最后形成黑棕色的痂皮。受到感染时，幼猪比成年猪症状严重，乳猪可在口周围上皮发生病变或形成全身病变，在皮肤无毛处病变明显。由猪虱机械传播的病变在猪身的下侧部位，包括乳房和外阴。由蚊、蝇传播的病变在猪身的背部，包括口、鼻和两耳。偶尔也发生先天性感染。病程10～15天。体温降低，食欲恢复。如有继发感染，可引起肺炎和胃肠炎，或引起败血症而死亡。

2.预防

① 加强饲养管理，供给全价饲料，提高仔猪的抵抗力。搞好舍内的清洁卫生和消毒工作。

② 要消灭猪虱和蚊、蝇，控制传播媒介，减少本病发生。

③ 对猪群要经常观察，发现猪只的皮肤损伤应立即进行治疗。

④ 引进猪只时，一定要进行隔离检疫，确认无病后才能入群。

⑤ 猪痘病毒与痘苗病毒无交叉免疫。发病康复猪能产生坚强免疫力。目前尚无有效疫苗应用。

3.治疗

目前尚无有效的治疗药物，用康复猪的血清治疗有一定效果。为预防细菌感染可用抗生素进行治疗；同时，也可对症治疗。

十七、腺病毒感染

仔猪腺病毒感染是由腺病毒所引起仔猪的一种传染病。本病的特征为脑炎、肺炎、肾炎、腹泻。

1.临床症状

人工感染的潜伏期3～4天。病仔猪精神不振，食欲减退。腹泻，排出软便或水样便，肛门周围沾满粪污。有时呕吐，出现呼吸症状。站立不稳，共济失调，肌肉震颤，经常卧地不起。生长发育缓慢。多数病仔猪耐过，病死率低。

2.预防

① 加强饲养管理，供给全价饲料。

② 搞好清洁卫生与消毒工作，对猪舍里的粪便要经常打扫，定期进行消毒。对饲料、饮水要防止粪便污染。

③ 舍内仔猪的饲养密度要适宜，冬、春季做好防寒保暖工作，减少各种应激刺激。

④ 目前，防制本病尚无疫苗。

3.治疗

目前尚无特效的治疗药物，只有对症治疗。但为预防支原体和胸膜肺炎放线杆菌诱发肺炎，使病情加重，可用抗生素进行治疗。

十八、肠病毒感染

仔猪肠病毒感染是由肠病毒所引起的一种综合征。本病的特征为脑脊髓炎、腹泻、肺炎、心包炎和心肌炎，妊娠母猪生殖障碍。

1.临床症状

① 脑脊髓炎初期病猪体温升高，食欲减退，精神沉郁，运动失调。严重时，眼球震颤，痉挛，嗜眠。随后麻痹，呈犬坐姿势，或卧地不起。用声音刺激或触摸时，出现四肢运动共济失调，眼球突出。该型病例主要见于仔猪，3～4天死亡。

② 腹泻只有本病毒感染时，腹泻较轻，时间短。如有其他病毒或细菌同时感染时，腹泻严重。

③ 肺炎病猪咳嗽，打喷嚏，食欲不振，呼吸加快，精神沉郁。

④ 心包炎和心肌炎由于心包和心肌发炎，常引起病仔猪突然死亡。

⑤ 生殖障碍怀孕母猪感染后，没有临床症状，主要表现死胎、流产、木乃伊胎。新生仔猪出现畸形和水肿。体弱仔猪5日内死亡。

2.预防

① 对与肠病毒有关的繁殖障碍用管理方法来预防。小母猪在繁殖前，用1个月以上的时间与地方性流行的猪肠病毒接触，如果猪从出生到繁殖饲养在一个猪舍内，通过与不同时间断乳仔猪的混养，即可达到这种效果。对于早期隔离的后备母猪，可通过与新进断乳仔猪的粪便接触，使其感染此病毒。如果将新鲜的仔猪粪拌入饲料中，或用饲料包裹好的仔猪粪便（此粪便最好从不同日龄断乳仔猪圈舍中收集，混在一起应用）饲喂后备母猪。

② 加强饲养管理，培育健康猪群，是防制本病的上策。由于本病有多种血清型，所以，应用多型毒株制成联苗，进行免疫接种，效果会更好。

3.治疗

本病目前没有特效的治疗方法，只有采取对症治疗。

十九、传染性水疱病

仔猪传染性水疱病，简称水疱病，是由水疱病病毒所引起仔猪的一种急性传染病。本病的特征是蹄、口、鼻盘及乳头部位的皮肤和黏膜发生水疱、烂斑。

1.临床症状

潜伏期2～5天。人工感染最短为36个小时。病猪体温升高至40～42℃，精神沉郁，食欲减退或拒食。在口腔黏膜、鼻盘发生水疱，初生仔猪病死率高。有的猪出现神经症状，如转圈、前冲、牙咬工具，甚至于强直痉挛。病程一般10天左右，可自愈。但初生仔猪容易引起死亡。

2.预防

① 平时对猪群经常观察，发现病猪尽快确诊，并立即向上级主管部门报告。同时，对猪场采取封锁、隔离措施。

② 要防止本病从疫区向非疫区扩散，禁止病猪及其产品流通，泔水和屠宰下脚料要煮沸后再用。引进和输出猪只，要做好检疫工作。

③ 对猪舍和运动场上的粪便要每天及时清除，对地面、用具等可用2%氢氧化钠溶液进行消毒，对饲料和饮水要严加保管，防止粪便污染。

④ 对疫区和受威胁区采取疫苗注射，可预防本病发生。应用鼠化弱毒疫苗和细胞培养弱毒疫苗，肌内注射，注后4～8天产生免疫力，保护率达80%，免疫保护期达6个月以上。也可用仓鼠组织灭活苗和细胞培养灭活苗接种猪只，效果也很好。也可用猪水疱病高免血清预防注射，每千克体重0.1～0.3毫升，保

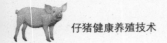

护率达90%以上，免疫保护期1个月。

3.治疗

本病目前尚无有效的治疗药物。只有采取对症治疗，如用高锰酸钾溶液洗涤患部，涂上碘甘油或龙胆紫，或撒上冰硼散。

二十、水疱性口炎

仔猪水疱性口炎是由水疱性口炎病毒引起的一种急性、热性、人畜共患传染病。本病的特征为口腔黏膜发生水疱，流出泡沫样口涎，有的蹄部发生疱疹。

1.临床症状

自然感染的猪潜伏期2～5天，人工感染只有1天。病初，体温升高达40.5～41.5℃。精神沉郁，食欲减退或不食，流涎。有的病猪鼻部、口腔、蹄部出现大小不等的水疱，鼻部水疱较常见，蹄叉较蹄冠部的水疱多见。水疱内含有黄色透明的液体，水疱破溃后出现糜烂和溃疡。病猪喜卧，走路困难，常见跛行。如果水疱继发感染，会使病情加重，可导致蹄壳脱落，露出真皮面出血，在无并发症的情况下，1～2周可康复。

2.预防

① 加强饲养管理，做好猪舍的清洁卫生和消毒工作。在猪舍内要消灭昆虫等吸血动物，如白蛉、伊蚊和螨，以防传播本病。

② 要经常观察猪群，发现黏膜和皮肤损伤的猪应立即隔离，进行对症治疗。

③ 对于平时使用的兽医器械，一定做好消毒工作，防止传播本病。

④ 本病毒在猪体内能产生免疫力，抵抗同种病毒的感染。

用鸡胚毒灭活疫苗，对发病地区的猪只免疫接种，有良好的预防作用。在常发地区，也可用水疱液和痂皮匀浆液制成灭活苗，进行免疫接种。

3.治疗

本病目前尚无有效的治疗方法。对病猪立即隔离，加强护理，同时进行对症治疗。

二十一、水疱疹

仔猪水疱疹是由水疱疹病毒引起仔猪的一种急性、热性传染病。本病的特征是在口、鼻、乳腺和蹄部形成水疱和溃疡。

1.临床症状

潜伏期1～2天。病猪体温升高达40～40.5℃，稽留1～2天。同时，精神不振，厌食。在鼻盘、唇、舌、口腔黏膜、蹄冠和趾间等部位出现水疱，水疱内含有部分黄色液体，24小时后水疱破溃，皮肤上出现糜烂和溃疡。与此同时，走路出现跛行。严重的病猪继发细菌感染可致蹄壳脱落，不能走路，起卧困难，流涎，不食。驱赶时发出叫声。妊娠母猪可能流产。病程5～7天。如无继发感染，多数病猪完全恢复。

2.预防

① 由于海产品容易传播本病，所以，最好不要从饭馆取泔水及厨房下脚料喂猪。必须喂时，一定将泔水及厨房下脚料煮熟以后才能喂饲。

② 海关对海产品加强检疫，从国外来的船只、飞机上卸下的残羹剩饭，一律进行销毁或做无害化处理，以防传播本病。

③ 由于康复猪最低能保持6个月的免疫保护朗，所以可用水疱皮试制灭活疫苗，免疫接种后保护期可达6个月。同时，用同型或多型抗血清，也有一定的保护作用。

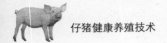

3.治疗

① 本病目前尚无有效的治疗药物，只有对症进行治疗。

② 对病猪加强护理，供给柔软或稀饲料和清洁的饮水。

③ 为预防继发感染，可用抗生素或磺胺类药物进行治疗。

④ 用0.1%高锰酸钾溶液清洗口腔，再涂以碘甘油。蹄部用来苏儿清洗后，再涂以鱼石脂软膏。乳房用肥皂水清洗后，涂以氧化锌软膏。

第四节　寄生虫病

一、球虫病

仔猪球虫病是由球虫引起仔猪的一种原虫病。本病特征为腹泻，粪便呈黄色到灰色。

1.临床症状

潜伏期4～5天。病仔猪精神不振，食欲减退。消瘦、贫血。排出灰色或黄色水样稀便，并混有大量黏液，有时腹泻及便秘交替。病程4～6天。多因脱水而死亡，未死者生长发育受阻，成为僵猪。

2.预防

① 加强饲养管理，做好消毒工作。对猪舍及运动场的粪便及时清除，然后进行消毒，对粪便和垫草在远离猪舍处堆肥发酵处理，这是消灭卵囊的有效措施。

② 发病猪场，对怀孕母猪在产前和产后15天拌料喂给氨丙啉，可预防本病发生。

3.治疗

① 磺胺脒每千克体重20毫克，口服，每天1次，连用5～7天。

② 氨丙啉每千克体重25 ～ 65毫克，拌料喂服，连用3 ～ 5天。此外，也可用常山酮、马杜拉霉素等治疗。

二、小袋纤毛虫病

仔猪小袋纤毛虫病是由结肠小袋纤毛虫所引起的人、猪共患原虫病。本病的特征为腹泻，消瘦，结肠和直肠溃疡性肠炎病变。

1.临床症状

潜伏期5 ～ 16天。病仔猪精神不振。体温多正常，但有的升高。食欲减少或拒食。腹泻，粪便中混有黏液、血液或黏膜碎片，恶臭。病重的仔猪常引起死亡。

2.预防

① 加强饲养管理，搞好猪场的清洁卫生。对饲料和饮水加强管理，严防被猪、人的粪便污染。

② 猪舍及运动场粪便经常打扫，定期用5%甲醛溶液进行消毒。发现病猪及时隔离和治疗。

3.治疗

可用土霉素、金霉素、四环素、黄连素等治疗。

三、弓形虫病

弓形虫病是由刚地弓形虫所引起的一种人畜共患的原虫病。本病的特征为3月龄的猪多发，发病突然，高热稽留，呼吸困难，皮肤上有紫红色血斑。肺、肝、淋巴结等肿胀、出血、坏死。

1.临床症状

潜伏期3 ～ 7天。初期，体温达40 ～ 42℃，稽留。食欲减少或拒食。便秘，时有腹泻。咳嗽，流涕，呼吸困难，呈腹式呼吸。眼有浆液性或脓性分泌物。有时呕吐。四肢和全身肌肉僵

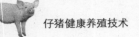

直。耳和体躯下部见有瘀血斑。体表淋巴结肿大。病程10～15天。仔猪因病重而死亡。

2.预防

① 加强饲养管理。在猪舍内严禁养猫，并且不允许猫进入猪舍。对猪舍、用具、饲料和饮水严加管理，防止猫的排泄物污染。饲养人员不要与猫接触。要消灭猪舍内的老鼠。

② 对猪舍地面及运动场经常打扫，清除的粪便要在远离猪舍处堆肥发酵处理，用2%火碱水或10%石灰水消毒地面和用具等。

③ 对流产母猪的胎儿、胎衣要妥善处理，防止污染环境。也可用磺胺类药物拌料喂猪，可预防本病发生。

3.治疗

① 磺胺-5-甲氧嘧啶，每头猪肌内注射2毫升，每天1次，连用4～6天。

② 12%复方磺胺甲氧吡嗪注射液，每千克体重50～60毫克，肌内注射，每天1次，连用4天。

③ 乙胺嘧啶，每千克体重6毫克，加磺胺嘧啶每千克体重70毫克，每天口服2次，连用3～5天。

四、蛔虫病

仔猪蛔虫病是由于猪蛔虫寄生于仔猪的小肠内而引起的一种寄生虫病。本病的特征为消瘦，生长缓慢，咳嗽，腹痛，腹泻，黄疸。

1.临床症状

3～6月龄仔猪症状明显。初期，精神不振，食欲减退，轻微的湿咳。体温达40℃左右。异食癖，营养不良。进一步发展，呼吸困难，心跳加快，消瘦，贫血。虫子侵入胆管时全身黄疸。

有的病猪发育缓慢，或成为僵猪。病重的仔猪，呼吸急促，咳嗽声粗。幼虫损伤肠壁时，出现呕吐，腹泻，腹痛。口渴、流涎。经7～14天，病轻的好转，病重的死亡。

2.预防

① 仔猪断乳后驱虫1次。每年春、秋2次对猪群进行预防性驱虫。

② 加强饲养管理，搞好舍内及运动场的清洁卫生。对舍内及运动场的粪便每天都要清除干净，堆积发酵处理。对猪舍地面和运动场，清除粪便后定期进行消毒。可用60℃以上的3%～5%热碱水、20%～30%热草木灰水消毒，杀灭蛔虫卵。

③ 猪供给全价饲料，尤其是维生素和矿物质应供应充足。对饲料和饮水要加强管理，严禁被带虫猪或病猪粪便污染。哺乳母猪的乳房要经常擦洗消毒，防止仔猪感染本病。

3.治疗

① 盐酸左旋咪唑注射液，每千克体重5～10毫克，肌内或皮下注射。也可用片剂拌料口服。

② 丙硫咪唑（抗蠕敏），每千克体重5～20毫克，1次喂服。

③ 噻咪唑（驱虫净），每千克体重15～20毫克，拌料1次喂服。

④ 石榴皮、使君子各15克，乌梅3个，槟榔13克，煎汤，给25千克体重仔猪空腹灌服。

五、类圆线虫病

仔猪类圆线虫病是由蓝氏类圆线虫引起的一种寄生虫病。本病的特征为腹泻，粪便带血和黏液，小肠黏膜糜烂、溃疡。

1.临床症状

由于大量虫体寄生于小肠，可见病猪食欲减退，消瘦，贫血，

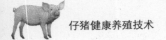

腹泻，粪便带有血液和黏液。当幼虫到达肺脏时，会出现呼吸困难，体温升高。如幼虫穿透皮肤时，在皮肤上见有湿疹。最后多因猪体衰竭而死亡。如果仔猪体内虫体数量少，通常不显症状。

2.预防

① 加强饲养管理，搞好环境卫生。对猪舍和运动场及时清除粪便，堆积发酵处理。清扫后，对地面要用2%苛性钠、石灰乳或石炭酸进行消毒。保持猪舍及场地干燥。

② 对怀孕母猪和仔猪经常观察，粪便要不定期检查，发现病猪应立即隔离治疗，病健猪分群饲养。

3.治疗

① 阿维菌素（灭虫丁），每千克体重0.3毫克，皮下注射。

② 伊维菌素，每千克体重0.2～0.3毫克，皮下注射。

③ 驱虫净（四咪唑），每千克体重7.5毫克，拌料喂服。

④ 左旋咪唑，每千克体重10毫克，溶于水中灌服，或拌料喂服。

六、胃圆线虫病

仔猪胃圆线虫病是由红色猪胃圆线虫等引起仔猪的一种寄生虫病。本病的特征为慢性卡他性胃炎，溃疡，消瘦，贫血，排出带血的黑色粪便。

1.临床症状

虫体数量少的则症状轻而引起慢性卡他性胃炎。病重的猪只食欲减退，日渐消瘦，体重下降，贫血，精神不振，体温稍高，口渴，腹痛，排出带血的黑色粪便。有的会引起死亡。

2.预防

① 加强饲养管理，供给全价饲料。对猪舍及运动场的粪便要经常清除，堆肥发酵处理。

② 对舍内地面及运动场定期进行消毒。

③ 饲料和饮水严加管理，防止被粪便污染。

④ 每年对猪群进行预防性驱虫。

3.治疗

① 左咪唑，每千克体重10毫克，口服。

② 噻苯咪唑，每千克体重50～100毫克，口服。

③ 伊维菌素，每千克体重0.3毫克，皮下注射。

七、食道口线虫病

仔猪食道口线虫病也叫猪结节虫病，是由食道口线虫引起仔猪的一种寄生虫病。本病的特征为腹泻、腹痛，消瘦，贫血，大肠壁上有大量结节。

1.临床症状

病猪表现为急性、顽固性腹泻，粪便呈绿色，带有黏液或血液。腹痛，贫血，弓背，体温升高。食欲减退，明显消瘦，发育严重受阻。如有细菌继发感染时，会出现化脓性结节性大肠炎。如转为慢性时，间歇性腹泻，消瘦，体弱。

2.预防

① 加强饲养管理，搞好环境卫生及消毒工作。对猪舍及运动场、地面的粪便要经常打扫，堆肥发酵处理，对地面定期进行消毒。

② 对怀孕母猪进行驱虫，以防止仔猪感染。对饲料和饮水要始终保持清洁，防止粪便污染。

3.治疗

① 伊维菌素，每千克体重0.3毫克，皮下注射。丙硫咪唑，每千克体重15～20毫克，口服。

② 左旋咪唑，每千克体重8毫克，1次口服，隔1～2天再

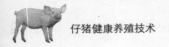

用1次。

八、肾虫病

仔猪肾虫病也叫猪冠尾线虫病，是由齿状冠尾线虫引起仔猪的一种寄生虫病。本病的特征为仔猪生长发育迟缓。

1. 临床症状

病猪精神沉郁，食欲缺乏，被毛粗乱，行动迟缓，消瘦，贫血。严重时后躯麻痹、僵硬，走路摇摆，不能站立。经皮肤感染时，皮肤出现丘疹和红色小结节，体表淋巴结肿大。泌尿道感染时，尿检可见尿中有白色黏稠絮状物。仔猪发育停滞，母猪不孕或流产，公猪腰瘦，不能配种。

2. 预防

① 加强饲养管理，供给全价饲料，提高猪的抵抗力。

② 对猪群进行调教，到指定地点排尿，以减少猪舍的污染。

③ 定期消灭环境中的病原体，对于用水泥或石板制成的地面，可用开水冲烫消毒。对于铁制工具可用火焰消毒。

④ 从场外引进猪只时，一定要隔离、检疫，确认无病后才可入群。

⑤ 在冬季培育无肾虫猪，逐步建立康复猪场。在发病季节出生的仔猪，断乳后治疗1次，移入安全场地。

3. 治疗

① 左旋咪唑，每千克体重5～7毫克，肌内注射，2～3周后再用1次。

② 噻苯唑，每千克体重10～40毫克，拌料喂服。

③ 海群生（乙胺嗪），每千克体重30毫克，口服，每天3次，3天为1个疗程。

④ 驱虫净（四咪唑）每千克体重20～25毫克，拌料喂服、

每天1次，连用2天。

九、毛首线虫病

仔猪毛首线虫病也叫仔猪鞭虫病，是由于猪毛首线虫寄生于仔猪的盲肠和结肠黏膜所引起的一种线虫病。本病的特征为消瘦、贫血、腹泻、生长发育受阻。

1.临床症状

轻微感染一般不显临床症状。感染严重的仔猪，表现消瘦，生长缓慢，贫血，腹泻，粪便中带有血液和黏液。喜卧地，最后因衰竭而死亡。

2.预防

① 每年春、秋两季对猪群各驱虫1次，对断乳后6月龄的仔猪驱虫1～3次。怀孕母猪在产前3个月进行驱虫。

② 对饲料和饮水要严加管理，防止粪便污染。对猪舍及运动场内的粪便，每天要清除干净，放于离舍远处堆肥发酵处理。

③ 对于仔猪要加强饲养管理，供给全价饲料，尤其是维生素和微量元素供应充足，以增强其抵抗力。对于仔猪一定要单养，不要与成年猪混群饲养。

3.治疗

① 伊维菌素，每千克体重0.3毫克，皮下注射。

② 丙硫咪唑，每千克体重10毫克，拌料喂服。

③ 左咪唑，每千克体重4～6毫克，肌内注射。或每千克体重8毫克，口服。

十、姜片吸虫病

仔猪姜片吸虫病是由姜片吸虫所引起仔猪的一种寄生虫病。本病的特征为贫血，腹泻，腹痛，生长缓慢。

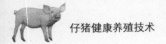

1.临床症状

本病主要感染幼猪。病重的幼猪表现精神沉郁，食欲减退，消化不良。眼结膜苍白，流涎。被毛干燥，无光泽。贫血，消瘦。腹泻，腹痛，粪便带有黏液。眼睑、腹部水肿。有的病例肠道虫体堵塞而死亡。幼猪发育受阻，增重缓慢。

2.预防

① 对猪舍及运动场的粪便要及时清除，堆肥发酵处理。种植水生植物的池塘，一定用发酵处理过的粪肥，千万不能用新鲜粪便施肥。

② 对于有扁卷螺滋生的池塘等，可用0.02%硫酸铜溶液，或用0.1%石灰水灭螺。

③ 由于水生植物附有囊蚴，容易造成猪的感染，所以，用水生植物喂猪时，千万不能生喂，必须煮熟或做成发酵饲料再喂，可避免本病的发生。

④ 对于放牧的猪只，一定不要在有中间宿主寄生的水源处放牧。

3.治疗

① 硫双二氯酚，50～100千克的猪，每千克体重50～100毫克；100千克以上的猪，每千克体重50～60毫克，混于少量精料中喂服。如有腹泻，1～2天可自行恢复。

② 吡喹酮，每千克体重30毫克，拌料1次喂服。

③ 硝硫氰胺，每千克体重3～6毫克，拌料1次喂服。

十一、绦虫病

仔猪绦虫病是由克氏假裸头绦虫所引起仔猪的一种寄生虫病。本病主要对仔猪危害性大，消瘦，生长发育缓慢。

1.临床症状

病猪精神不振，食欲减少。猪毛蓬松，发焦。仔猪生长发育缓慢。病情严重的猪，厌食，阵发性腹痛，腹泻，呕吐，因绦虫多而造成肠梗阻。长期消瘦，发育迟缓，成为僵猪。

2. 预防

① 对于猪舍地面和运动场上的粪便每天要经常打扫，定期消毒，堆肥发酵处理，以杀死绦虫卵。

② 加强饲养管理，供给全价饲料，提高猪的抗病力。

3. 治疗

① 硝硫氰醚，每千克体重20 ～ 40毫克，1次口服。吡喹酮，每千克体重20 ～ 40毫克，1次口服。

② 硫双二氯酚，每千克体重80 ～ 100毫克，拌料喂服。

十二、细颈囊尾蚴病

仔猪细颈囊尾蚴病也叫细颈囊虫病，是由寄生于狗小肠内的泡状带绦虫的幼虫——细颈囊尾蚴而引起的一种寄生虫病。本病的特征为消瘦，黄疸，突然死亡，体温升高，有腹水。

1. 临床症状

病仔猪有时突然大叫倒地死亡。多数病猪表现消瘦，体弱，黄疸。如果患有急性腹膜炎时，高热，有腹水，压迫腹部时有痛感。虫体感染肺部，常常引起支气管炎、肺炎、胸膜炎。

2. 预防

① 对犬严加管理，不许进入猪舍。严防犬粪污染饲料和饮水。

② 病死猪的内脏不许乱丢，要妥善处理，最好深埋。

③ 农家的散养犬，每年可用氢溴酸槟榔碱每千克体重1 ～ 2毫克口服驱虫，对其粪便、垫草、虫体等应集中烧毁处理。

④ 对于被粪便污染的环境，要进行彻底消毒，以预防本病发生。

3. 治疗

① 槟榔6 ～ 12克，水煎取汁，每头猪1次灌服。

② 吡喹酮，幼猪每千克体重80毫克，成年猪每千克体重100毫克，拌入稀饭中1次空腹喂服。

十三、疥螨病

仔猪疥螨病俗称猪癞，或称疥疮，是由疥螨所引起仔猪的一种接触性慢性皮肤寄生虫病。本病的特征是皮肤瘙痒，脱毛，皮肤粗糙，发炎。

1.临床症状

疥螨多在猪的耳、眼睑、颊、耳根、背及体侧的皮肤内寄生。病猪皮肤剧烈瘙痒，常因瘙痒而造成皮肤破损，淋巴液渗出。病变部脱毛，结痂，皮肤肥厚，出现皱褶和龟裂。同时病猪精神不振，食欲减退，弓背，消瘦，生长停滞。幼猪因皮肤嫩而使病情加重，最后全身衰竭，如有其他疾病感染易引起死亡。不死者也变为僵猪。

2.预防

① 加强饲养管理，搞好猪舍卫生工作是预防本病的关键。对猪舍及运动场的粪便要经常清除。猪舍内要保持清洁干燥，通风良好。

② 对猪群每日要细心观察，发现剧痒的病猪，要及时确诊，隔离治疗。

③ 被病猪污染的圈舍和用具，要用杀螨药剂彻底消毒。对猪舍地面、墙壁，经常用20%生石灰水涂刷。

3.治疗

① 伊维菌素，每千克体重0.3毫克，颈部皮下注射。

② 阿维菌素，含量为0.2%，每千克体重0.15～0.23克，混入湿料中1次喂服（喂前要停食1顿）。

③ 取烟叶末或烟梗1份，加水20份，煮沸1小时，过滤后取滤液涂擦患部。

十四、虱病

仔猪虱病是由于猪虱在仔猪体表寄生所引起的寄生虫病。本病的特征为，可见猪虱，皮肤发痒。

1.临床症状

病猪主要表现皮肤发痒，不安，常常到处摩擦皮肤。可见被毛脱落，皮肤擦伤，食欲减退，营养不良，消瘦。

2.预防

① 加强饲养管理，搞好舍内卫生。对场地工具、工作服及靴鞋等，进行全面消毒。猪舍要保持干燥，通风良好，养猪密度要适中。

② 经常观察猪群，发现病猪及时治疗。由于药物对虫卵没有杀灭作用，所以，必须治疗2～3次，每次间隔5天，才能杀死新孵出的幼虱。

3.治疗

① 常用药物有伊维菌素、阿维菌素、敌百虫、5%碘酊、5%溴氰菊酯（倍特）等。

② 如果猪少，天气寒冷可采取涂擦药物治疗。如果猪多，在温暖季节，有条件的可进行药浴。在农村发现病猪后可用废机油、柴油、花生油或猪油等涂擦病猪皮肤患部，方法简便，适用。

③ 伊维菌素每千克体重0.3毫克，猪皮下注射，每月3次。对环境进行喷洒药物灭虱，可消灭本病。

第五节　其他疾病

一、僵猪

僵猪也叫小老猪、小赖猪，是由于先天发育不足，或后天营

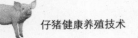

养不良而引起的一种仔猪疾病。本病的特征是仔猪食欲正常，但发育缓慢或停滞。

1. 临床症状

病仔猪精神不振，被毛蓬松，黏膜苍白。走路摇摆，喜卧。弓背缩腹，脑瓜大、肚子圆、屁股尖，体质瘦小。皮肤干燥，多褶。便秘与腹泻交替，只吃不长个。生长缓慢或停滞。平均日增重还不到50克，有的猪体重6个月才20千克，也还有的1年也不能出栏。所以，给养猪场（户）造成很大的经济损失。

2. 预防

① 对妊娠母猪和泌乳母猪加强饲养管理，不仅要日粮充足，且营养调配合理，营养价全，尤其多供些青绿饲料，使仔猪在胚胎阶段发育良好。出生后仔猪要固定乳头，如仔猪多、乳头少时除了找别的母猪代哺外，也可人工哺乳，保证每个仔猪均能吃到母乳。

② 对于断乳仔猪要加强保育工作，不仅使猪舍清洁卫生、干燥、通风良好、冬季保暖、光照充足，而且要适时补饲，饲料要保质保量，满足断乳仔猪的营养需要，使其迅速生长发育，以减少僵猪的发生。

③ 在养猪生产中，注意不要近亲繁殖和过早配种，这样能保证后代的活力和质量，以避免种质退化。

④ 对于僵猪应早期发现，早期治疗，以防重复感染。根据发病的不同原因，采取相应的治疗措施，如供给全价饲料，调整日粮结构，驱虫，健胃等。对于细菌病、病毒病应及时治疗，定期免疫，注射疫（菌）苗。

3. 治疗

① 维生素A2.5万～5万单位，肌内注射。口服干酵母或食母生，每次20～60克，每天1～2次。皮下注射维生素C。

② 丙硫咪唑15毫克/千克体重，喂服，5天后取大黄苏打片2片/千克体重，拌料喂服，1天3次。

③ 小肚型僵猪，在饲料中加2.5%磷酸氢钙。大肚型僵猪，用维生素B族注射液肌内注射。皮肤湿型僵猪用维生素B_2注射液，肌内注射。皮肤干燥型的僵猪，用维生素AD注射液，肌内注射。

二、异嗜癖

仔猪异嗜癖也叫异食癖，是由于消化功能和神经功能紊乱而引起的仔猪的一种慢性代谢性疾病。本病的特征为食欲不正常，专门舔食或咀嚼各种异物。

1.临床症状

初期，病猪食欲减退，喜食泥土、石灰、砖块、破布等异物。咬尾和咬耳在猪群中比较多见。开始是1～2个仔猪发生，后蔓延到全群。尤其是一些断乳后即将出售的仔猪咬尾多发。而咬耳的仔猪相对较少。受害的猪多为有色的猪，啃咬者有白猪也有黑猪。病猪消瘦、弓背、磨牙，发育缓慢，严重的因衰竭而死亡。由于啃咬受伤，易诱发脓肿、瘫痪、疥癣等疾病。

2.预防

① 对猪群应加强饲养管理，供给全价饲料，尤其是各种维生素和微量元素不能缺少。对猪群每天要细心观察，发现病猪及时隔离治疗。

② 猪舍内的养猪密度要适中，千万不能过于拥挤。搞好舍内的清洁卫生。舍内地面及运动场上的粪便及时清除，保持圈舍清洁，空气流通，光照良好，放足垫草，可预防本病发生。

③ 对猪群经常检查，发现其他疾病应立即治疗，定期进行驱虫。

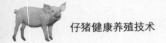

④ 仔猪出生时立即断尾，可预防咬尾癖。

⑤ 可在圈舍内放一些玩物，如汽车内胎、链条、罐头盒、小木头等，让其啃咬，避免仔猪间相互啃咬。

3.治疗

① 取10～20毫克氯化钴配合75～150毫克硫酸铜，拌料喂服，剂量为每头猪10～20毫克。

② 补喂复合微量元素添加剂和复合维生素添加剂。在饮水中加适量食盐、镇静剂，有一定疗效。

③ 对受伤的仔猪，可用碘酊、紫药水等涂擦伤处。

三、感冒

仔猪感冒是由于仔猪受寒冷刺激而引起上呼吸道黏膜发炎的一种急性、全身性疾病。本病的特征是咳嗽，鼻塞，流鼻涕，体温升高。

1.临床症状

病猪体温升高至40℃以上。怕冷，喜钻草堆。精神萎靡不振，食欲减退。鼻盘干燥，皮毛不整，耳尖、四肢末梢发凉。咳嗽，打喷嚏，流鼻涕是本病的特征。眼结膜潮红，多眵，羞明流泪。呼吸困难，脉搏增数。口色稍红，舌苔薄白。严重病例，卧地，拒食。

2.预防

① 加强饲养管理，让哺乳仔猪吃足奶，断乳仔猪供给全价饲料，提高机体抵抗力。

② 对仔猪一定做好防护工作，尤其是气候骤变、秋末冬初要做好猪舍的防寒保暖工作，猪在春、夏出汗后防止风吹雨淋，可预防本病的发生。

3.治疗

① 解热镇痛，可用30%安乃近或安痛定注射液5～10毫

升，肌内注射。或扑热息痛，每次1～2克。或口服阿司匹林2～5克。

② 用抗生素或磺胺类药物防止细菌继发感染。如氨苄青霉素0.5克，肌内注射，每天2次，连用2～3天。此外，也可用链霉素、复方新诺明等治疗，效果也很好。

③ 中药可用柴胡注射液3～5毫升，肌内注射，1天2次。

四、肺炎

仔猪肺炎是肺组织发炎，由于肺泡内渗出物增加，使呼吸功能障碍而引起的疾病。本病分为大叶性肺炎和小叶性肺炎。

1.临床症状

（1）大叶性肺炎　病仔猪精神沉郁，体温升高达41℃左右，持续6～9天，呈稽留热。脉搏增数。食欲减退或拒食。喜卧，怕冷。眼结膜潮红，皮温不匀。呼吸困难，呈腹式呼吸，气喘，咳嗽。鼻流出脓性、铁锈色鼻液。粪便干燥。肺部听诊有啰音，或捻发音。

（2）小叶性肺炎　病猪精神沉郁。体温升高1.5～2℃，呈弛张热或间歇热。脉搏增数，每分钟达100多次。呼吸困难，增数。食欲减少或不食。眼结膜发红或呈蓝紫色。鼻液呈浆液性、黏液性或脓性，恶臭。咳嗽为突出症状，初为干咳，后为湿咳，听诊时有干性或湿性啰音。胸部能听到捻发音。

2.预防

① 加强饲养管理，提高仔猪抗病力。要搞好舍内的清洁卫生和消毒工作。注意天气变化，冬季要做好防寒保暖工作。猪舍要通风、透光，保持干燥。

② 对猪群要经常观察，注意防治猪瘟、猪流感、猪肺疫、蛔虫病等，可预防本病发生。

3. 治疗

（1）大叶性肺炎

① 新肿凡纳明（九一四），每千克体重0.015克，溶于葡萄糖盐水内，缓慢静脉注射。但在用此药前30分钟注射安钠咖为好。

② 也可用青霉素、链霉素、土霉素肌内注射，口服氨苯磺胺、磺胺二甲嘧啶或长效磺胺。

③ 静脉注射10%氯化钙溶液，制止渗出。口服利尿剂，促进炎性渗出物的排出。

（2）小叶性肺炎

① 青霉素40万～80万单位，肌内注射，6个小时注射1次；链霉素50万～100万单位，肌内注射，每天1次，连用3～5天。也可用红霉素、磺胺二甲嘧啶等进行治疗，效果也很好。

② 10%安钠咖2～10毫升，肌内注射。50%葡萄糖溶液10～100毫升，生理盐水200～300毫升，静脉注射。

五、胃肠炎

仔猪胃肠炎是由于胃肠黏膜及黏膜深部组织发炎而引起的疾病。本病的特征是消化紊乱，腹泻，腹痛，发热，毒血症。

1. 临床症状

初期多为消化不良，以后逐渐加重。病仔猪精神不振，呆立或喜卧。食欲减退或拒食。体温升高至40℃以上。脉搏增数。呼吸急促。眼结膜发红、黄染，有出血点。脱水，口腔干燥，舌面皱缩，口臭。剧烈腹痛，有的猪发生呕吐，粪便稍干，上面附有黏液，以后严重腹泻，粪便恶臭。初期肠音减弱，后期消失。肛门松弛，排便失禁，常为里急后重，不断努责而无粪便排出。弓背卷腹，卧地。急性胃肠炎时，由于胃液失去酸性和低氯血症，并出现痉挛和抽搐。严重时，直肠垂脱。

2.预防

① 加强饲养管理，对饲料调配要适当，防止饲料发霉，饮水要保持清洁。饲料及饲养方式不要突然改变。

② 经常观察猪群，发现猪瘟、猪传染性胃肠炎、猪痢疾、球虫病、蛔虫病等要及时确诊和治疗。

③ 在猪群中不要滥用抗生素，以防破坏胃肠道内正常菌群。

3.治疗

① 磺胺脒5～10毫克，小苏打2～3克，混合1次口服，每天2次。

② 鞣酸蛋白、次硝酸铋各3～5克，混合后口服，每天2次，用于止泻。

③ 静脉注射5%葡萄糖盐水300～500毫升，10%维生素C5毫升，10%安钠咖5～10毫升，每天1次。

④ 庆大霉素注射液，每千克体重4000单位，后海穴注射，每天1次，连用2天。

六、创伤

仔猪创伤是在外力的作用下，体表组织的完整性受到破坏的一种损伤。本病的特征为创口裂开，出血，疼痛和功能障碍。

1.临床症状

（1）出血　出血有原发性出血和继发性出血，内出血和外出血，静脉出血和动脉出血，大血管出血和毛细血管出血。由于受伤部位不同，出血的程度也不一样。

（2）创口裂开　因创伤造成组织断离和收缩而使创口裂开。创口裂开的大小与受伤部位、创口方向、长度和深度有关。裂开的创口易感染，不能很快愈合。

（3）疼痛和功能障碍　由于神经受到损伤和炎性刺激而引起

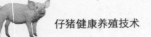

疼痛,神经多的部位受到创伤疼痛更为严重。因疼痛和受伤的组织遭到破坏,常出现功能障碍。

2.预防

① 对仔猪要加强管理,供给全价饲料,尤其是补足维生素和微量元素。搞好舍内卫生,防止拥挤,通风换气。防止仔猪间相互啃咬。

② 对于舍内的一切锐利、有刃的工具,饲槽和栏杆上面的钉子及时处理,防止刺伤、切伤、砍伤等发生。

3.治疗

① 要及时止血。创伤大出血时应采取压迫、钳夹、结扎进行止血,也可视需要进行全身性止血处理。

② 将灭菌纱布覆于创面,剪去周围被毛,再用70%酒精棉反复擦拭创缘皮肤。

③ 用生理盐水或0.1%高锰酸钾溶液清洗创面。

④ 可用0.1%新洁尔灭溶液、3%过氧化氢溶液清洗创面。

⑤ 对于创伤内的异物、创囊、凹壁等通过手术清除。

⑥ 对于新鲜创面或清创手术后的创伤,可用1:9碘仿磺胺粉撒于创面。

⑦ 化脓创,首先清洁创围、冲洗创腔后,再扩大创口,除去深部异物,切除坏死组织,排除脓汁。用10%硫酸钠溶液或10%水杨酸钠溶液灌注、引流或湿敷。对化脓较轻的,可用魏氏浸膏进行灌注或引流,处理后不用包扎。

第八章　仔猪健康养殖中污染的控制

第一节　养猪场环境污染的分析及危害

　　目前猪场排放的大量污染物没有经过有效的处理即直接排放，不但对环境产生了严重污染，而且影响猪的自身生长。猪生产的环境卫生状况与猪的正常生长发育有很大关系，比如由粪便产生的氨、硫化氢等气体可使猪的生产性能下降，严重时会造成仔猪中毒死亡，氨还影响猪的繁殖性能。

一、污染空气

　　由于集约化养猪高密度饲养，猪舍内潮湿，粪尿及呼出的二氧化碳等散发出恶臭，其臭味成分多达168种，这些有害气体不但对猪的生长发育造成危害，而且排放到大气中会加剧空气污染，危害人类的健康，以致与地球温室效应都有密切关系。挥发到大气中的氨还可引起酸雨，影响农作物的生长。

二、污染水体

　　猪粪便的任意排放极易造成水体的富营养化，使水质恶化。

粪便、污水渗入地下，还可造成地下水中的硝酸盐含量过高。经测定，养殖场所排放的污水平均含33万个大肠杆菌/毫升和66万个肠球菌/毫升等，污水流入溪河污染水体。在谷物饲料、谷物副产品和油饼中，有60%～75%的磷以植酸磷的形式存在。由于猪体内缺乏有效利用磷的植酸酶以及对饲料中蛋白质的利用率有限，导致饲料中大部分的氮和磷由粪尿排出体外。一部分氮挥发到大气中，增加了大气中的氮含量，严重时构成酸雨，危害农作物；其余的大部分则被氧化成硝酸盐，渗入地下或随地表水流入江河，造成更为广泛的污染，致使公共水系中的硝酸盐含量严重超标，河流严重污染。磷渗入地下或排入江河，可严重污染水质，造成江河池塘的藻类和浮游生物大量繁殖，产生多种有害物质，进一步危害环境。

三、污染土壤

猪饲料中通常含有较高剂量的微量元素，经消化吸收后多余的随排泄物排出体外。猪粪便作为有机肥料播撒到农田中去，长期下去，将导致磷、铜、锌及其他微量元素在环境中的富集，从而对农作物产生毒害作用，严重影响作物的生长发育，使作物减产。如以前流行在猪日粮中添加高剂量的铜和锌，可以提高猪的饲料利用率和促进猪的生长发育，此方法曾风靡一时，引起养殖户和饲料生产者的极大兴趣。然而，高剂量的铜和锌的添加会使猪的肌肉和肝脏中铜的积蓄量明显上升，更为严重的是还会显著增加排泄物中铜、锌含量，引起土壤的营养累积，造成土壤环境的污染。

第二节　健康养殖场污染的控制

一、合理规划设计

养猪场的规划设计要从保护环境的角度出发，运用生态环境工程技术对养猪场的场地进行合理规划，最好能与当地的立体农业相互促进，变废为宝，达到生态农业综合、持续、稳定地发展。

1.猪场选址

（1）远离居民区　毕竟养猪可以造成空气（臭味）和噪声的污染，要避免与当地居民造成冲突，也要避免人员繁杂带来的不安全因素，至少远离居民区2000米以上。

（2）远离主干道　道路上的运输车辆繁杂，其中不乏运猪，特别是运输病、死猪的车辆，还有运输粪便的车辆，这些车辆都是潜在的传播疾病的媒介。选择场址时既要求交通方便，又要求与交通干线保持适当的距离。但因猪场的防疫需要和对周围环境的污染考虑，不可太靠近主要交通干道，最好离主要干道400米以上。如果有围墙、河流、林带等屏障，则距离可适当缩短些。禁止在旅游区及工业污染严重的地区建场。

（3）远离其他畜牧场　疾病的传播途径复杂，很多疾病可以通过空气传播，也可以通过苍蝇、蚊子、鼠类、猫传播，有时传播途径不明。若畜牧场间距离太近，疾病很容易通过各种途径传进猪场。

（4）远离屠宰场　屠宰场是疫病的集散地，携带各种病原体的猪集中于此，运输车辆的污染也很严重，空气、污水中的病原很容易造成疾病向外扩散。

（5）远离化工厂及其他污染源　化工厂可以造成空气和饮水的严重污染。

（6）水源有保障　要选择水源好的地方，饮水是猪最重要的营养，没有充足、清洁的饮水保障，很难养出合格的猪。规划猪场前先勘探，水源是选场址的先决条件。猪场水源要求水量充足、水质良好、便于取用和进行卫生防护，并易于净化和消毒。水源水量必须满足场内生活用水、猪只饮用及饲养管理用水的要求。

（7）地势地形　要选择向阳避风、地势高燥、通风良好、电力通讯配套齐全、排水方便的地方，以利于猪群的保温、通风和污水的排放，并能绝对防止污水倒灌进猪舍，利于清洁和猪舍内部的干燥。

（8）避免占用农地　最好周边有鱼塘、果林或耕地。一方面起到天然屏障的作用，另一方面可以消化一部分猪场的排泄物，减轻环保的压力。

2.猪场布局

场地选定后，须根据有利防疫、改善场区小气候、方便饲养管理、节约用地等原则，考虑当地气候、风向、场地的地形地势、猪场各种建筑物和设施的尺寸及功能关系，规划全场的道路、排水系统、场区绿化等，安排各功能区的位置及每种建筑物和设施的朝向、位置。

（1）场地规划　猪场一般可分为四大功能区，即隔离区、生产区、管理区、生活区。为便于防疫和安全生产，应根据当地全年主风向和场址地势，顺序安排以上各区。

（2）建筑物布局　猪场建筑物的布局在于正确安排各种建筑物的位置、朝向、间距。布局时需考虑各建筑物间的关系、卫生防疫、通风、采光、防火、节约占地等。生活区与生产管理区和场外联系密切，为保障猪群防疫，宜设在猪场大门附近。门口分别设行人、车辆消毒池，两侧为值班室和更衣室。生产区各猪舍的位置考虑配种、转群等方便，并注意卫生防疫，种猪、仔猪应置于上风向和地势高处。繁殖猪舍、分娩舍应放在较好的位置，分娩舍要靠近繁殖猪舍，又要接近仔猪保育舍，生长猪舍靠近育肥舍，育肥舍设在下风向。商品猪置于离场门或围墙近处，围墙内侧设装猪台，运输车辆停在墙外装车。病猪隔离区和粪污处理应置于全场最下风向和地势最低处，距生产区应保持50米以上。

道路对生产活动正常进行、卫生防疫及提高工作效率起着重要的作用。场内道路应净、污分道，互不交叉，出入口分开。净道的功能是人行和饲料、产品的运输，污道为运输粪便、病猪和废弃设备的专用道。

　　绿化不仅美化环境，净化空气，也可以防暑、防寒，改善猪场的小气候，同时还可以减弱噪声，促进安全生产，从而提高经济效益。因此在进行猪场总体布局时，一定要考虑和安排好绿化。

　　（3）猪场总体布局　规模猪场在总体布局上至少应包括生产区、生产辅助区、管理与生活区。

　　生产区包括各种猪舍、消毒室（更衣、洗澡、消毒）、消毒池、药房、兽医室、出猪台、值班室、隔离舍等。生产区包括各类猪舍和生产设施，这是猪场中的主要建筑区，一般建筑面积约占全场总建筑面积的70%～80%。种猪舍要求与其他猪舍隔开，形成种猪区。种猪区应设在人流较少和猪场的上风向，种公猪在种猪区的上风向，防止母猪的气味对公猪形成不良刺激，同时可利用公猪的气味刺激母猪发情。分娩舍既要靠近妊娠舍，又要接近保育舍。育肥猪舍应设在下风向，且离出猪台较近。在设计时，使猪舍方向与当地夏季主导风向成30～60度角，使每排猪舍在夏季得到最佳的通风条件。病猪隔离间及粪便堆存处这些建筑物应远离生产区，设在下风向、地势较低的地方，以免影响生产猪群。兽医室应设在生产区内，只对区内开门，为便于病猪处理，通常设在下风方向。总之，应根据当地的自然条件，充分利用有利因素，从而在布局上做到对生产最为有利。在生产区的入口处，应设专门的消毒间或消毒池，以便进入生产区的人员和车辆进行严格的消毒。

　　生产辅助区包括猪场生产管理必需的附属建筑物，如饲料加工车间、饲料仓库、修理车间、变电所、锅炉房、水泵房等。它们和日常的饲养工作有密切的关系，所以这个区应该与生产区毗邻建立。自设水塔是清洁饮水正常供应的保证，位置选择要与水源条件相适应，且应安排在猪场最高处。

管理与生活区包括办公室、接待室、财务室、食堂、宿舍等，这是管理人员和家属日常生活的地方，应单独设立。一般设在生产区的上风向，或与风向平行的一侧。此外猪场周围应建围墙或设防疫沟，以防其他动物和闲杂人员进入场区。

（4）猪舍总体规划　养猪工厂的生产管理特点是"全进全出"、一环扣一环的流水式作业。所以，猪舍需根据生产管理工艺流程来规划。猪舍总体规划的步骤：首先根据生产管理工艺确定各类猪栏数量，然后计算各类猪舍栋数，最后完成各类猪舍的布局、安排。在生产区内，不同类别、不同年龄的猪应该养在相互隔离的舍内，猪舍栋间距离应在10～15米以上。生产工艺流程可依次为配种-妊娠-产房-保育-生长-育肥。场内道路布局合理，主干路需要硬化，进料和出粪道严格分开，防止交叉感染。设有种猪运动场，便于公猪、下床母猪的运动。化粪池必须建在最下风向，并要及时处理、除臭，防止蚊蝇滋生。

（5）猪舍内部规划　猪舍内部规划需根据生产工艺流程决定。很多猪场用围墙圈起来，在里面就见缝插针，哪里有空地，就在哪里建猪舍，不同猪舍混杂在一起。其实猪场的布局对疾病防控、生产管理影响很大。因此在设计、施工时要充分考虑到。

根据生产模式的不同，可以分为单一地点三阶段饲养，也可以采用两地点饲养。

三阶段饲养是指在一个环境中分三个区域饲养，分别是种猪和产房区、保育区以及育肥区。

两地点饲养是指种猪繁育一个地点，保育和育肥在另一个相对远的地点；或者种猪繁育区和保育在一个地点，而育肥猪在另一个地点。这种饲养模式的优点在于容易控制疾病。缺点在于管理相对费事，运输成本提高。

　　根据猪场计划的规模确定各阶段猪舍的数量，原则上产房、保育和育肥猪舍要做到全进全出。配种舍、怀孕舍、保育舍、生长舍、育肥舍要从上风向到下风方向排列。建议尽量缩小猪舍的规模，做到小群饲养，以利于降低猪的发病率，以一栋保育或育肥猪舍饲养不超过500头为宜。各种猪舍的数量要配套。最重要的原则是产房、保育舍按生产节律分单元全进全出设计；猪栏规格与数量的计算原则是产房两栏对应保育一栏，保育与育肥栏一一对应。先设计好生产指标、生产流程，然后再设计猪舍、猪栏，按全进全出设计。现代养猪业疾病越来越复杂，原因之一是没有严格做到全进全出。虽然有些猪场按全进全出设计，但由于猪舍不配套，真正饲养时则很难做到。整栋猪舍全进全出，可提高生产性能21%～25%，而整个猪场全进全出，可提高生产性能30%。

　　（6）猪舍建筑　配种舍和怀孕舍建筑重点在降温和通风。配种舍顶部要有保温层，墙面最好也有保温层，并在一端安装湿帘，水帘的厚度一般在12厘米以上，另一端安装风机，湿帘的面积和风机的容量需要根据猪舍的面积计算。另外，降温的能力与猪舍的密闭性能有关，四处漏风的猪舍不容易降温。

　　公猪舍的栏位面积要足够，以利于公猪的运动。公猪需要运动，因此建议至少每头公猪有10平方米的面积。保温和通风与母猪舍一样。采精栏要安装人员的逃生区，即建立隔栏，只允许人员迅速撤离，而公猪过不去，防止公猪对人的攻击。人工授精实验室应利于清洁，否则可造成精液污染，影响配种。

　　产房不可过于潮湿。产床最好高架，以降低猪舍的湿度，而湿度高是仔猪腹泻的原因之一。另外，产床的毛刺和锐利的边角更容易损伤仔猪，特别是在吃奶的时候，仔猪前肢关节处的皮肤往往有损伤，就容易感染细菌。所以最好用圆滑的、没有毛刺的漏缝板，或者普通漏缝板安装后用钢制刷子充分打磨，去除毛刺，使之不能造成仔猪的损伤。

保育舍保温要理想。寒冷季节，保育舍保温是重点，保温的方式很多，主要有热风炉和地暖，也有室内生火炉的，其中最理想的是地暖。但若锅炉太小，不足以将地板加热，特别是夜间，烧锅炉可能不及时，造成昼夜的温差增大，对仔猪应激反应比较大。

料槽设计要有利于猪的采食，避免造成饲料浪费。无论是保育还是育肥猪舍的料槽在大部分猪场都存在问题，料位不足，而且小猪容易钻入，或者容易溢出，造成饲料浪费。这些损失往往容易被忽略，而这也是猪场最大的损失。根据每栏的饲养数量确定料位，一个料位有3～4头猪采食，若料位不足，容易造成栏内均匀度不理想。料槽太浅或者太窄是饲料溢出的主要原因，料槽出料口不能高出料槽的外沿，否则漏出饲料就容易溢出。另外，每个猪栏最好安装两个饮水器，一高一低，有利于不同大小的猪饮水，饮水器高度与站立的猪肩齐平即可。

病猪是传播疾病的最重要源头，大部分情况下，病猪可以通过嘴鼻的直接接触传播疾病，也可通过污染的粪尿以及飞沫传播。因此，建议将病猪舍建在远离健康猪舍的位置，并由专人管理。每栋保育和育肥猪舍要设立病猪栏，病猪栏需要与健康猪栏完全隔开，不留空隙，以免病猪与健康猪隔栏发生直接接触。康复后的病猪不能回到健康猪栏。

有的猪场有解剖室或解剖台，有的猪场没有。其实病死猪一旦被打开，就容易将病原微生物暴露，污染环境，从而造成疾病的扩散。解剖台或解剖室不能离猪舍太近，设计应利于清洁和消毒，剖检后的尸体不能随意丢弃，最好有尸体掩埋或焚烧场所。

装猪台的设计要有利于生物安全。装猪台应该是生产区与外界相通的唯一通道，然而这一区域也最容易被污染，成为疾病传入猪场的重要通道。装猪台应该设计成单向通道，到装猪台的猪不能再返回到猪舍。应该有利于清洗、消毒，而且污水和粪尿需要有专门的管道流入污水处理设施，不能倒流进入猪场生产区。禁止猪场人员与外来装猪人员接触，要安装门，划定界限，杜绝猪场人员上到装猪台上。

　　选择安装先进的环境控制设备包括场舍的控温、通风、光照、粪便清理、粪污再利用、消毒及污水处理设备等。有条件的猪场还应选择安装猪粪加工处理设备及用于处理病死猪的低污染焚尸炉等。

二、科学营养调控

　　通过日粮的营养调控来降低畜禽排泄物对环境的污染，通过营养学技术，提高猪的饲料转化效率，可以减少排污和环境污染。

1.合理调配饲料，提高饲料营养物质的利用率

　　舍内有害气体产生的主要因素是猪对日粮营养物质吸收不完全所致，故提高饲料消化率，特别是饲料蛋白、氨基酸的利用率，可有效减少舍内有害气体的产生。

2.微生物制剂与酶制剂的使用

　　我国目前正在推广使用EM有效微生物制剂，将之加入饲料中，不仅能使饲料转化率提高，而且可减少粪便中有害气体的产生。

3.应用除臭剂

　　在猪日粮中添加丝兰属提取物、氟石、活性碳、沙皂素、硫酸钙、氯化钙和苯甲酸钙等，可以减少臭气的产生和挥发。

4.中草药添加剂的应用

　　中草药中有效成分可以与臭气分子反应生成挥发性低的物质。

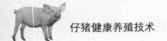

杀菌消毒成分可抑制细菌生长，降低其分解有机物的活性，减少臭气的产生与排放。这类有效成分包括有机酸、多酚类化合物和挥发油。

5.化学法除臭

过磷酸钙、过氧化氢、高锰酸钾、硫酸铜、苯甲酸及乙酸等均有除臭作用。

三、精细生产流程

为了控制猪场对周围环境造成的污染，我们应当采取经济有效、方便可行的方法，遵循"无污化、资源化、低成本、高效率"的原则逐步削减污染物，使猪场周围的土壤、水体及大气自然生态系统免受污染。

鉴于我国劳动力多，水资源缺乏的现实，提倡兴建的工厂化养猪场，改用人工清粪为主、水冲为辅的清粪方式，是从污染源头抓起，减少污染程度的有力措施。与全冲洗清粪方式相比，排污量减少近2/3，有机物含量减少约1/3。用水减少之后，配置高压冲洗清洁系统，既能节约水源，又有很好的清洁效果。而且，排出的鲜粪远比粪渣的肥效高数倍，有利于有机肥的制作，值得推广。在猪场设计时，注意将雨水和污水有意地分开，配置两条排水系统。同时，加强管理，提倡节约用水，避免长流水，减少污水排放量也十分必要。

目前为止，猪粪污水单一处理方法如好氧生物处理、厌氧生物处理等远没有达到人们所追求的理想效果。综合生物处理法处理猪粪污水已取得了良好的效果，即在污水处理工艺前端设置固液分离段，减少污水处理量，分离后的粪便和人工清除的粪便作进一步堆积发酵处理后，加工成为有机肥出售。分离后的污水经格栅拦截后，进入拦污撇渣池，撇渣后自流进入水解调节池，污水进一步水解酸化及均衡调节，清除部分水解污泥至干化池。污水经泵提升后进入上流式厌氧污泥床反应器（UASB），进行第一级生化处理，产生沼气用于发电，沉淀污泥送到污泥干化池经干化处理后作复合肥利用。上清液回流至水解调节室重新进入系统。污水再经高效生物反应器，作第二级深度生化处理，在此进一步脱磷、脱氨处理后，基本满足排放标准。处理后污水经集水沉池后达标外排。

第三节 猪场粪污无害化处理技术

一、猪粪的处理

规模化猪场应采用干清粪工艺，实现"干湿分离"，使干粪与尿、冲洗水分离。目前有以下3种利用猪粪的方式。

1.猪粪用作肥料

用作肥料的粪便处理包括直接利用法、烘干法、腐熟堆肥法3种。最好的处理方法是腐熟堆肥法。国外许多发达国家利用现代微生物技术和生物发酵工艺在密闭发酵塔中对畜禽粪便通过快速发酵、杀菌、脱臭后添加适量复合微肥，制成复合有机肥，既防止了污染、提高了肥效，又减少了土壤污染。我国也开始采用了猪粪有机肥料作为花卉等植物种植的肥料。该法虽投资较大，但在重视环保、发展绿色农业的今天却有重大的意义。

2.猪粪用作饲料

干猪粪中含粗蛋白23.5%、粗纤维14.8%、钙2.72%、磷2.30%，营养成分的含量介于鸡粪与牛粪之间，可用作非常规饲料生产。通过对新鲜猪粪采取脱水干燥、发酵、添加化学添加剂（调味剂、抗生素等）所得到的干猪粪可作为养鱼业的理想添加饲料。用此模式每100千克猪粪平均产草量为128.8千克，喂草

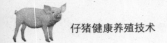

鱼可产草鱼5千克，带动滤食鱼3.5千克，比用猪粪直接养鱼增产240%。

3.猪粪生产沼气

可将猪只粪便与其他有机废弃物混合，在一定条件下厌氧发酵而产生沼气，厌氧发酵过程中可杀死病原微生物和寄生虫。16头猪的粪便产生的沼气相当于1吨汽油的能量。沼气可作燃料和发电照明使用，发酵后的沼液和沼渣还可作肥料或饲料。

二、生产污水的处理

规模化猪场污水包括粪水、冲洗消毒用水、日常人畜用水等。为避免污水对环境的污染，要对污水采用两级或三级处理。两级处理包括预处理（一级处理）和好氧生物处理（二级处理）。畜牧场污水一般经两级处理即达到排放或利用要求，当处理后要排入卫生要求较高的水体时，则须进行三级处理。

三、生活垃圾的处理

养猪场生活垃圾应遵照国家有关规定分类回收、集中处理、综合利用，不得自行随处掩埋或焚烧，以防造成环境污染。

四、病死猪只的处理

大规模猪场对于患有传染病的尸体应尽量利用焚烧炉焚烧，并做无害化处理，对于条件不具备的猪场应采用深埋法处理。要求在尽量远离猪舍区的干燥地面挖1.5～2米深的窄坑，将病死猪只掩埋。深埋处尽量设在猪场下风向，避开水源。严禁对病死猪只销售和食用。同时应将患病畜的粪便、垫草堆积发酵后，经过无害化处理后再施入土壤，可疑被病原微生物污染的物品必须严格消毒。

五、粪污的处理模式

规模化猪场粪污处理可总结为3种模式：沼气（厌氧）-还田模式、沼气（厌氧）-自然处理模式和沼气（厌氧）-好氧处理模式（工业化处理模式）。以这3种模式为基础，根据规模化猪场所处的自然环境、社会经济条件以及饲养规模，可以对粪污处理模式做出适当选择与准确定位。

1.沼气（厌氧）-还田模式

（1）适用范围　畜禽粪污或沼液还田作肥料是一种传统、经济的处置方法，可以在不外排污染的情况下，充分循环利用粪污中有用的营养物质，改善土壤中营养元素含量，提高土壤的肥力，增加农作物的产量。分散户养殖方式的畜禽粪污处理均是采用这种方法。这种模式适用于远离城市、经济比较落后、土地宽广的规模化猪场。养猪场周围必须要有足够的农田消纳沼液。要求猪场养殖规模不大，一般出栏规模在2万头以下，当地劳动力价格低，冲洗水量少。

（2）关键问题　要真正达到营养物质还田利用、污染物零排放，必须解决好4个关键问题。

① 猪场周围要有足够的土地，也就是要考虑周围土地的承载力。

② 沼渣沼液的经济运输距离。规模化猪场粪污厌氧处理后沼渣沼液的经济运输距离在2千米以内。

③ 沼渣沼液的储存。必须要有足够容积的储存池来储存暂时没有施用的沼渣沼液，不能向水体排放废水。

④ 沼渣沼液还田利用的标准。目前，我国还没有制定沼渣沼液作肥料还田利用的标准。

（3）优点

① 污染物零排放，最大限度实现资源化。

② 可以减少化肥施用，增加土壤肥力。

③ 耗能低，无需专人管理，运转费用低。

（4）缺点

① 需要有大量土地利用沼渣沼液，出栏万头猪场至少需要1000亩土地消纳沼渣沼液，因此受条件限制，适应性不强。

② 雨季以及非用肥季节还必须考虑沼渣沼液的出路。

③ 存在着传播畜禽疾病和人畜共患病的危险。

④ 不合理的施用方式或连续过量施用会导致硝酸盐、磷及重金属的沉积，从而对地表水和地下水造成污染。

⑤ 恶臭以及降解过程产生的氨、硫化氢等有害气体会对大气构成威胁。

2.沼气（厌氧）-自然处理模式

（1）适用范围　猪场粪污经过厌氧消化（沼气发酵）处理后，再采用氧化塘、土地处理系统或人工湿地等自然处理系统对厌氧消化液进行后处理。这种模式适用于离城市较远，经济欠发达，气温较高，土地宽广，地价较低，有滩涂、荒地、林地或低洼地可作粪污自然处理系统的地区。养殖场饲养规模不能太大，对于猪场而言，一般年出栏在5万头以下为宜，以人工清粪为主，水冲为辅，冲洗水量中等。

（2）关键问题　沼气（厌氧）-自然处理模式主要利用氧化塘的藻菌共生体系以及土地处理系统或人工湿地的植物、微生物净化粪污中的污染物。由于生物生长代谢受温度影响很大，其处理能力在冬季或寒冷地区较差，不能保证处理效果。因此，沼气（厌氧）-自然处理模式的关键问题是越冬。

（3）优点

① 运行管理费用低，能耗少。

② 污泥量少，不需要复杂的污泥处理系统。

③ 没有复杂的设备，管理方便，对周围环境影响小，无噪声。

（4）缺点

① 土地占用量较大。

② 处理效果易受季节温度变化的影响。

③ 有污染地下水的可能。

3.沼气（厌氧）–好氧处理模式（工业化处理模式）

（1）适用范围　沼气（厌氧）-好氧处理模式的畜禽养殖粪污处理系统由预处理、厌氧处理（沼气发酵）、好氧处理、后处理、污泥处理及沼气净化、储存与利用等部分组成。需要较为复杂的机械设备和要求较高的构筑物，其设计、运转均需要具有较高知识水平的技术人员来执行。沼气（厌氧）-好氧处理模式适用于地处大城市近郊、经济发达、土地紧张、没有足够的农田消纳粪污的地区。采用这种模式的猪场规模较大，养猪场一般出栏在5万头以上，当地劳动力价格昂贵，主要使用水冲清粪，冲洗水量大。

（2）关键问题　沼气（厌氧）-好氧处理模式的关键问题在于猪场废水经过厌氧处理后，采用好氧生物处理工艺直接处理厌氧消化液的去除效果很差。针对这些问题，农业部沼气科学研究所的研究人员开发了Anarwia工艺畜禽粪污处理专利技术（专利授权号ZL200410040855.3）。该工艺已经成功用于某养殖总场废水处理，达到了《畜禽养殖业污染物排放标准》（GB 18596—2001）中的规定。

（3）优点

① 占地少。

② 适应性广，不受地理位置限制。

③ 季节温度变化的影响比较小。

（4）缺点

① 投资大，万头猪场的粪污处理，投资约150万～200万元。

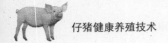

② 能耗高，处理1立方米污水耗电约2～4千瓦。

③ 运转费用高，处理1立方米污水运转费2.0元左右。

④ 机械设备多，维护管理量大。

⑤ 需要专门的技术人员进行运行管理。

我国规模化猪场大多建在离城市较远的地区，饲养规模不大。因此，粪污处理应优先考虑沼气发酵、沼渣沼液还田利用，利用不完而剩余的再采用自然处理模式进行处理。只有在猪场规模比较大，并且周围土地十分紧缺的情况下，才推荐采用沼气（厌氧）-好氧处理模式。

第四节　生态养猪模式

一、不同生产内涵的生态养猪模式

发展养猪业的同时，相应发展农、林、果、渔及其他种养和副业产业，以保证养猪业有一个良好的、可持续发展的生态环境。

1. 以种植粮食为主要配套的生态养猪模式

这种生态养猪模式的生态循环圈是由猪、沼、粮、农副业生产和市场所组成，即猪-沼-粮-农副业-猪-市场的生态循环模式，或是猪-肥-粮-农副业-市场的生态循环模式。养猪所产生的猪粪、猪尿经过厌氧和好氧发酵后，作为粮食生产时所需要的肥料，同时利用农副产品和农田轮作中生产的青饲料，再加上少量的粮食来喂猪；养猪的劳动力基本上是半劳力。这种生态养猪模式是我国农村的农业生产中采用的最基本的模式，经验证明这种农业发展模式是成功的。但是我们必须明确它是处在我国小规模分散的农业生产特点而发展起来的，粮食和肉的生产率都比较低，已经无法满足我国高速发展的经济和众多人口的需要。我们需要在其基础上进一步发展生产效率更高的、现代的生态养猪模式和农业发展模式。我国的实际情况是人口多、土地不足、所产的粮食较少，不能像经济发达的国家，或是地多而人口少的国家那样，用很多的粮食去发展养猪业，我们必须根据我国的特点、结合市场的需要以及本身所具有的实力，来考虑如何建设生态养猪场。按照目前我国的实际情况在农区中发展猪、沼、粮、副业生态养猪模式，必须要注意以下几个要点。

（1）有条件的地方一定要采用沼气发酵技术。沼气是农村中非常好的可再生能源，另外农村中的人、猪的粪和尿以及一些有机废物经过沼气发酵后，沼液和沼渣有很高的肥效，同时这些有机废物经过厌氧发酵后大部分微生物和寄生虫能被杀灭，又可以消除粪尿产生的臭气，对改善农村的环境有很大的作用。在我国发展现代的生态农业，沼气发酵是一个非常重要的环节。我国农村中沼气利用的历史还比较短，仅有100年左右的历史，因此沼气发酵技术及其发展利用，还有很大的探索余地。

（2）以猪和粮为主的生态养猪的模式是没有限制的，要提倡多样化地发展生态养猪的模式。

（3）为了适应和满足市场上对猪肉的大量和日益增长的需求，在养猪生产中必须应用先进的养猪科学技术，如国外猪种和国内猪种的杂种优势的利用、特色猪的生产、饲料的合理配合、青饲料的利用、饲料添加剂的合理利用、猪的人工授精技术的应用、先进的兽医疾病预防及治疗技术等等。为此在农村中要恢复和建立猪的技术推广机构，以及以省（市）为单位的猪繁育体系，在本省或市内解决猪源的"自繁自养"，避免猪苗跨省大流动的问题。

2.其他几种生态养猪模式

其他几种生态养猪模式在有些基本原则上有相同的地方，但也有一些不同的特点。

（1）猪-沼-果（林）-副-市场的生态养猪模式　由于种果需要很多有机肥料，因此当前这种模式在种果业发达的地区很受欢迎。除了热带和亚热带的林区外，大部分林区气温较低，发展沼气不太容易，主要用猪粪、猪尿作为种菜和苗圃用的肥料。如果条件允许，果场旁养猪场的位置最好建在果场的高处，这样便于沼渣和沼液或猪粪、猪尿的发酵肥料输送到果园。此外果园的土壤和肥料要进行化验，确定需补充的其他肥料成分，取得最佳的施肥效果。猪场沼液中的重金属或微量元素含量也应符合种果需求，不得超标。

（2）猪-沼-渔-副（果）的生态养猪模式　这种模式主要适合在养鱼场发展，结合养鱼的同时发展养猪，猪粪、猪尿及喂猪时浪费的饲料作为鱼的饲料，这种模式南方比较多。南方鱼消耗的猪粪、猪尿量不大，因此为了更好地消耗多余的猪粪、猪尿，在渔场的周围还种一些果树或蔬菜。猪舍建在鱼塘的边上或其上面。一般养一头90千克肉猪约产猪粪尿及污水2500千克，每40千克猪粪尿可养出1千克鲜鱼。这种类型的鱼主要是指滤食性鱼类，若要挖掘池塘生产潜力，也可增放其他吞食性鱼类，增加青精饲料，达到精养、高产的目的。

（3）猪-沼-菜-副的生态养猪模式　高质量的蔬菜或是有机蔬菜的种植必须要用有机肥料，因此在种菜场的附近建一个养猪场是很有必要的。养猪可以提供必要的以猪粪、猪尿为主的优质有机肥料，而种菜中又有大量不能上市的菜可以为猪提供很好的青饲料，可以降低饲料的成本，有很好的互补作用和生态效益。但是这种养猪方式要注意饲料营养成分的配合，要有合理的营养浓度，保证猪能快速生长。饲料中加有较多的青菜，与饲喂干的精饲料比起来要增加一些劳动量。此外这种模式养猪采用发酵床方法也很好，可以省去发酵猪粪的劳动，每群猪出栏后栏中的填料可以直接用作肥料施用，因为它们已经发酵好了。

（4）猪-沼-草（绿肥）-副的生态养猪模式 种草在我国的农业生产中有两种情况：在牧区或是为了保护土壤，避免土壤表层受到自然界的水或风的侵蚀和破坏；或是为大牲畜生产饲料，这种地区一般比较干旱。种草是农田轮作制中的一个环节，主要是种作为绿肥的豆科草。也有在一些地多人少的农区留有专门的饲料地，种青绿多汁饲料，生产的青绿饲料除去作为肥料部分，大部分作为饲料。猪、草结合的生态养猪是一种很好的模式，在长江流域以南（包括长江流域）都有，这是解决我国饲料粮不足的非常重要的途径，也可以说这是我国农民在实践中探索出的一个很重要的少用粮食的生态养猪的经验。

（5）养猪-种桑-养蚕-养鱼的生态养猪模式 利用猪粪尿种桑，种桑与养蚕、养鱼密切配合，桑叶养蚕，蚕茧缫丝，蚕沙、蚕蛹和蚕蛹水养鱼。

（6）其他 如养猪-种植食用菌-利用菌糠加工饲料的生态养猪模式等。

二、不同生产规模的生态养猪模式

1.农村小规模的生态养猪模式

农村分散的小规模养猪占我国养猪生产总量的70%左右，是一个不可忽视的、保证我国猪肉供应来源的产业。农村的小规模养猪，一般有两种形式，一种是具有一定规模的养猪小区，还有一种是分散的家庭养猪。家庭养猪以发展生态庭院的方式比较好。生态庭院就是利用自己的房前屋后的菜地及空地种菜、种果、养猪和养一些其他的禽类或昆虫等小动物等，还可种一些果树。所有人和动物产生的有机污物可以发酵沼气，也可制作肥料。园内还可种一些花草等植物以美化环境。生态庭院发展养猪的模式，需用的精饲料相对要少，农村中的青饲料和农副产品饲料利用得要多一些，又可发挥农村中半劳力的作用，是符合我国国情的生态养猪模式之一，在新农村建设中是很值得扶持和重视的。很多人认为农民的分散养猪最大的问题是生产的不稳定性，而且很难管理，可以采取以经济合作组织或"公司＋协会＋农户"的形式从经济上将他们组织起来。目前我国农村不少地方都发展养猪小区，这是一种几个农户合在一起，但是又是各自独立进行养猪的一种模式。如果养猪小区不能统一管理，则问题就比较多。因为每家猪农自己是一个独立的单位，每家都散养一些鸡和狗，仔猪又各自从不同的地方购入，很容易带入猪的传染病。若要发展养猪小区，一定要有好的管理，并且对防疫工作一定要十分重视，还要科学和周密地制定符合养猪学要求的区域规划。如果有条件，最好是在一个小区内有一户能够养母猪，由他供应仔猪，这样小区内养猪就不用从外地去购买仔猪了，对防疫比较有利。发展生态养猪小区是一项比较复杂的工作，不仅有技术问题，还有很多农民的组织工作，要做好细致的工作并一定要农民自愿来参加。我国有不少养猪小区的建立不太符合养猪学的要求，结果为以后的养猪带来了很多的后遗症。养猪小区要建在离农田比较近的地方，便于向农田施用处理后的猪粪肥。养猪小区内要有污水处理设施，最好建立自流式的沼气池，猪粪、猪尿可以通过地下管道流入沼气池。如果小区离开村子比较远一些，则沼气池可设在自己家的庭院内，但不便之处在于几乎每天要将猪粪、猪尿运到沼气池边，比较麻烦。小区内各户间要有一定的间隔距离，在小区周围和每家的间隔处最好种些树，在小区周围要种上林带，作为防风、防疫、阻挡一部分猪场内臭气外排等的防护林。养猪的污物要及时清理，作为沼气或堆肥的原料。建设生态养猪小区一定要按照生态养猪的要求规划好其他产业，如种植业、果树业、水产业、林业、养蚕业或其他小型农产品加工项目，这些项目之间都应该有生态互补作用，尽量做到养猪无废物排放。解决好农民所养猪的猪病防治和健康仔猪的来源问题，不要散养鸡和狗，不能在一个小区内从不同的地方引进猪苗，否则猪的传染病很难控制。养猪小区的猪农要和当地的养猪协会和畜牧兽医站取得密切的联系，以得到他们在疫病防治和有关市场信息方面的支持。

2.大、中规模猪场的生态养猪模式

大、中规模养猪模式的发展是十分必要的，在养猪生产过程中，它便于引入和应用国内外养猪的先进技术。规模猪场养殖和生产的肉猪数量比较多，生产也比较稳定。只要市场猪价和饲料价格稳定，有一定的利润，大、中规模猪场的生产都是比较稳定的，因此对市场的供应也比较稳定。但由于猪场的规模大，养猪的密度大，因此所排的废弃物也比较多，对环境的污染显得较为严重。在饲养方面，青饲料、农副加工产品及多汁饲料的利用也比较困难，因此养猪所需要的精饲料量以及粮食的用量，比农民分散小规模养猪几乎要高出1倍左右。在我国大部分大、中规模的猪场都不太注意发展生态养猪，养猪的密度大，生态环境较差，因此猪病也比较复杂，同时在很大程度上我国养猪业对环境的污染是发生在大、中规模的猪场。因此在建设大、中规模的猪场时，首先必须考虑猪场的生态发展和环境的保护问题，同时也必须考虑适合我国养猪的饲料利用，以及培育和利用适合我国国情的猪种问题。根据我国的实际情况，大、中、小规模养猪和农民的分散养猪要有一个恰当的结构比例，对小规模的和农户散养的应按小区建设标准进行规范。大、中规模生态猪场的建设必须注意以下几个问题。

① 根据我国多年来的实践经验和教训，我国养猪的规模不

宜过大，如无特殊要求，每个养猪单元总存栏量不宜超过5000头，条件好的可以扩大一些，但切忌不讲条件、盲目追求大的养猪规模单元。养猪业和工业不同，不是规模大就会有规模效应，因为养猪业是一种生物产业，在很大程度上受到生态环境所制约，一切要以投资的最大综合效益作为衡量标准，一定要将猪场的单一经营模式改变为多种经营模式。欧洲大部分养猪场的规模都不大，他们的养猪场所采用的养猪规模值得我们参考。

② 要发展和应用生态养猪技术。要开发利用中国农家饲养的方法，减少粮食的用量比例。

③ 要保证猪的基本生态和生活环境需要，要保证为猪创造良好的生长和生活条件，还要通过养猪来改善猪场及猪场周围的生态环境。为了减少猪场的空气污染，猪场内和猪场周围要种一定数量的树木。猪场排污一定要达到国家关于畜禽养殖场排污的标准，要尽量采取措施使污物能达到零排放的要求。

④ 要特别注意猪的防疫工作，认真贯彻防重于治的方针，推广两点或多点式的养猪模式。每个养猪点之间要有一定的距离，最好不少于500米。要根据猪群的饲养量来定，猪群大则间隔距离要远，猪群小间隔的距离可稍近一点，这样安排有利于对猪疾病的控制。在养猪场的周围至少1000米以内不能有其他经营单位的养猪场，更不能与它们有直接相通的道路。

大、中规模猪场的生态模式没有统一的要求，必须根据当地的条件，因地制宜地确定。比如我国南方地区水源比较充分，可以采用水冲的方式清扫猪舍，并采用以沼气为纽带的生态养猪的模式。在我国北方地区气候比较寒冷或水源不太充足的地方，就不能用水冲方式清扫猪舍，必须考虑采用其他的生态模式。不同的清粪方式影响到粪肥的处理和利用，因此选择何种方式养猪时，我们必须根据当地的具体条件来精心考虑。目前我国可采用的模